重庆文理学院学术专著出版资助项目

煤电行业碳减排市场设计
——理论与实践

傅世均　著

中国环境出版集团·北京

图书在版编目（CIP）数据

煤电行业碳减排市场设计：理论与实践 / 傅世均著.
-- 北京：中国环境出版集团, 2021.11

ISBN 978-7-5111-4959-6

Ⅰ. ①煤… Ⅱ. ①傅… Ⅲ. ①二氧化碳－排污交易－市场－研究－中国 Ⅳ. ①X511

中国版本图书馆CIP数据核字(2021)第223900号

出 版 人 武德凯
责任编辑 雷　杨
责任校对 任　丽
封面设计 彭　杉

出版发行 中国环境出版集团
（100062 北京市东城区广渠门内大街16号）
网　址：http：//www.cesp.com.cn
电子邮箱：bjgl@cesp.com.cn
联系电话：010-67112765（编辑管理部）
010-67112739（第三分社）
发行热线：010-67125803，010-67113405（传真）
印　　刷 北京中科印刷有限公司
经　　销 各地新华书店
版　　次 2021年11月第1版
印　　次 2021年11月第1次印刷
开　　本 787×960 1/16
印　　张 13.5
字　　数 280千字
定　　价 49.00元

前　言

2007—2015年，联合国气候变化大会相继达成“巴厘岛路线图”、《坎昆协定》、《德班成果》、《华沙成果》、《巴黎协定》。2017—2019年，联合国气候变化大会分别在波恩、卡托维茨和马德里举行，通过大会督促成员国执行《巴黎协定》的实施细则和相关机制。国际社会达成的这些共识加快了全球碳减排的步伐。自2010年以来，我国进一步增加了防治大气污染和碳减排的紧迫性。“十二五”期间单位国内生产总值（GDP）能源消耗和二氧化碳排放要分别降低16%和17%，“十三五”期间单位GDP能源消耗和二氧化碳排放要分别降低15%和18%。2015年，我国承诺到2030年单位GDP二氧化碳排放量在2005年基础上减少60%～65%，2020年我国在第七十五届联合国大会一般性辩论上承诺提高《巴黎协定》的国家自主贡献（NDC）力度，力争2030年前实现碳达峰，2060年前实现碳中和。电力工业是国民经济最大的碳排放行业之一，而我国的电能生产又以燃煤发电为主。为适应气候变化，减少温室气体排放，燃煤发电企业责无旁贷。

本书从理论和实践两个角度探讨我国煤电行业的碳减排问题。全书共11章，第1章为绪论；第2章简要介绍碳市场设计的机制、组合拍卖、供给函数均衡理论；第3章结合西部地区数据，对电能与环境协调发展进行实证研究，提出碳市场组合概念；第4章着重研究国外电力工业碳减排最新进展，得到建立组合减排机制的政策建议；第5章详细分析我国电力工业碳减排实施情况，明确协调技术、监管和市场机制是其主要问题；在此基础上，第6章设计煤电行业碳减排市场组合，并进行定性分析；接下来，运用数学模型分析和仿真模拟，第 7、8 章研究新市场组合下，发电商在初始排放权市场的决策行为和市场均衡；第 9、10 章研究发电商在批发电力市场、排放权二级市场的决策行为和市场均衡；最后，第 11 章对全书进行归纳总结。

在电力工业碳减排的同类书籍中，已有专著多从宏观经济、终端能源消费、电源结构、政策模拟等角度分部门进行研究。本书集中探讨煤电行业碳减排问题，采用的“碳市场设计理论—碳减排实践—碳市场组合设计—理论分析和数值模拟”体系，结构紧凑，便于展开深入研究。与目前普遍采用的政策模拟和统计指数方法相比，本书坚持将定性和定量相结合、模型和实证相结合，系统梳理国内外电力工业碳减排实施情况，综合多种理论优势，设计出具有先进性和可操作性的碳减排市场组合。本书力求数据新颖、表述简洁、增强其实用性和可读性。

本书得到重庆文理学院学术专著出版和重庆市自然科学基金计划项目的资助。在编写过程中，国立巴黎高等矿业学院 Maizi 教授、西班牙穆尔西亚大学 Jerez 博士提供了欧盟电力工业的部分资料，明尼苏达州立大学 Wilson 副教授、卡内基•梅隆大学 Azevedo 博士提供了美国的部分资料，渥太华大学 Paterson 教授提供了加拿大的部分资料，悉尼大学 Anderson 教授提供了澳大利亚的部分资料，重庆大学任玉珑教授从电力系统运行角度提出修改意见，伦敦大学 Grubb 教授对第 4 章的政策建议提出修改意见，湖南大学朱国玮教授、重庆文理学院刘定祥教授给予了大力支持和鼓励。在此特向他（她）们表示衷心感谢！

限于笔者学识有限，书中缺点和疏漏之处在所难免，欢迎批评指正。

傅世均

2021 年 7 月

目　录

第 1 章　绪　论

1.1　煤电行业碳减排研究背景

世界电力市场正在经历向自由化迈进和温室气体减排两方面的深刻变化，这两个目标存在较大冲突。2007 年年底，联合国气候变化大会在印度尼西亚通过“巴厘岛路线图”，加快了我国低碳经济步伐。2009 年年底《哥本哈根协议》、2010 年年底《坎昆协定》、2011 年年底德班气候大会达成的成果、2013 年年底华沙气候大会达成的成果，以及 2015 年年底《巴黎协定》，进一步增强了发展中国家燃煤发电企业碳减排的紧迫感和责任感。

气候变化的影响涉及全球公共健康压力、台风强度和频率增加、洪灾、热浪、传染性疾病类型和数量增加、食物和水安全问题、海平面上升、经济与社会破坏等。工业革命前大气中温室气体为 280×10^{-6}，按基准情景（BAU）分析，2050 年将达到 550×10^{-6}；未来 50 年温度将上升 2 ~ 3°C，并可能导致 15% ~ 40% 的生物灭亡；到 21 世纪中叶，将有 2 亿人口由于海平面上升、洪灾、旱灾而永久性移民。气候变化的原因与后果是全球性的，其影响是持续的，且需要经过一段时间才会表现出来，不确定性很大。

目前电力部门温室气体排放量大，电源结构变化弹性比交通部门等的能源结构变化弹性大，减排空间较大。

总量控制下的碳排放权交易机制，已经被欧盟、新南威尔士州、北美以及中国等主要国家和地区广泛采用。主管部门设定碳排放权总量，并以免费的方式配置给合乎条件的企业（欧盟在2012年以前10%左右的排放权通过拍卖进行分配，中国2021年启动的发电行业全国统一碳排放权交易市场采用免费配额分配）。为了最小化由排放权总量监管引起的减排成本，主管部门允许排放权在企业之间进行交易。在碳排放权交易背景下，碳排放成为一种资产或负债。一种适当的方法是把碳排放视为一种生产要素，在稀缺条件下，它具有“正要素”特征。作为发电商进行生产的要素之一，碳排放权对电力市场产生直接影响。

在电力市场化改革过程中减少温室气体排放，对我国电力工业尤其是煤电行业的发展提出了新挑战。电力工业作为国民经济中最大的CO_2排放行业之一，总量仍然呈增长态势。我国电能生产又以燃煤发电为主。尽管《京都议定书》和“巴厘岛路线图”没有明确规定中国碳减排的具体责任，但在2009年的哥本哈根世界气候大会上中国承诺到2020年单位GDP碳排放强度在2005年基础上减少40% ~ 45%，2015年联合国气候变化巴黎大会上中国承诺到2030年单位GDP碳排放量在2005年基础上减少60% ~ 65%。我国“十二五”期间要求单位GDP能源消耗和二氧化碳排放分别降低16%和17%，“十三五”期间要求单位GDP能源消耗和二氧化碳排放分别降低15%和18%。2020年我国在第七十五届联合国大会一般性辩论上承诺力争2030年前实现碳达峰、2060年前实现碳中和的目标。这些政策将有力地推动中国温室气体减排步伐。为了应对气候变化，减少碳排放，中国燃煤发电企业责无旁贷。

国外很多学者对欧盟、澳大利亚、美国、加拿大、日本等国家和地区燃煤发电企业碳减排进行了研究，他们运用实证研究、猜测供给函数、机制设计理论、拍卖理论、自上而下或自下而上成本最小化能源模型等研究方法，发现了一些共同的成功经验，比如，多种减排工具并存，建立碳交易配套制度等；同时他们的研究也存在一些问题，比如，碳价波动较大和碳价“转嫁”对发电商激励不足，碳排放权交易市场与电力市场不够协调等。这些经验和不足，对我国煤电行业碳减排具有很好的借鉴意义。

我国学者们运用情景分析、实证研究、机制设计理论、环境库兹涅茨曲线进行研究，发现我国燃煤发电企业已经采取提高发电效率、控制 CO_2 产生和回收处理 CO_2、电源结构调整、政策引导、CDM 项目交易等一系列措施降低碳排放强度；但目前还存在激励发电商减排的政策监管手段不够协调，运用市场手段激励发电商减排还处于起步阶段，高效、节能、低碳燃煤发电技术和碳捕集与封存（CCS）技术的研发、引进及推广应用需要激励机制推动等问题。

从现实角度来看，研究在保证国民经济发展所需电力的前提下，发挥市场对资源配置的决定性作用，对促进发电商公平、公开竞争，对达成有效激励发电商碳减排目的具有重要现实意义。从理论角度来看，解决上述问题，需要把涉及燃煤发电企业碳减排的相关规制工具、电力市场、碳排放权交易市场协调起来，纳入一个复杂系统，构建一个电能和环境监管的市场组合。对这种市场组合进行系统化、模型化研究时，现有文献采用的相对单一的理论工具显得适用性不足。

为解决电力市场条件下电能与环境协调发展的问题，任玉珑教授提出电力协调监管的概念，即在电力市场条件下，各监管机构在一定组织结构、沟通渠道和协调机制的作用下，对市场中各主体行为进行监督、管理和调节，克服市场机制本身所存在的缺陷，从而保证电力工业健康、稳定发展，降低负外部性，最终实现社会福利的最大化。电力协调监管为研究碳减排市场组合指明了方向，提供了思路。

在调查国内外燃煤发电企业碳减排实践的成功经验与不足的基础上，本书针对我国煤电行业碳减排，从电力协调监管角度出发，探讨如何协调碳排放权交易市场和电力市场，才能激励发电商在保证国民经济发展所需电力的前提下，有效减少碳排放。具体来说，本书将设计出这样一种碳减排市场组合：把碳排放权交易市场和批发电力市场结合，通过电力监管者和环境监管者的协调，确定两个市场健康、稳定运行的关键参数和规则；利用排放权市场实现碳排放权定价和有偿分配，通过公开、公平的竞争，优化初始碳排放权配置；发电商在考虑所竞得的排放权使用取向等因素后，参与批发电力市场竞争，优化电能生产配置，最终激励发电商在保证国民经济发展所需电力的前提下，有效减少碳排放。

1.2 碳减排市场组合设计的意义

通过调查国内外燃煤发电企业碳减排的实践研究，借鉴其成功经验、分析其不足，结合电能与环境协调监管机制，综合运用激励机制设计理论、组合拍卖理论和供给函数均衡理论，设计针对煤电行业碳减排的市场组合。其现实意义包括以下几点。

第一，研究国外燃煤发电企业采取的碳交易、碳税，以及绿色电力市场等主要政策工具的最新进展，得出相应的成功经验与不足。在此基础上，针对我国燃煤发电企业碳减排市场设计问题，提出建立组合减排机制的政策建议。具体包括：逐步建立政府规制下强度分级分类型碳市场，最终向全国统一碳减排市场过渡；设计多种减排工具并使之协调运行；使目标电力市场与碳排放权市场相协调；逐步建立碳管理与审计配套制度；改造现有燃煤电厂以减少碳排放。

第二，剖析我国燃煤发电企业碳减排实施情况，提炼主要问题。在碳减排任务逐步量化的趋势下，电力工业改革采取的优化电源结构、提高发电技术、采用洁净煤技术、降低供电标准煤耗、实施节能发电调度、CDM 项目交易、

控制 CO_2 产生和回收处理 CO_2 等政策措施已经产生良好的减排效果。同时，我国燃煤发电企业在碳减排方面还存在协调地运用各种政策监管手段激励发电商减排有待改进，协调地运用市场手段激励发电商减排做得不够，高效、节能、低碳燃煤发电技术和碳捕集与封存技术的研发、引进吸收、推广应用需要相应激励机制推动等问题。

第三，本书设计的碳减排市场组合可以发挥市场对资源配置的决定性作用，提高资源配置效率。在保证国民经济发展所需电力的前提下，有效激励发电商减少碳排放。

新市场组合通过电力协调监管，把碳排放权作为一种有偿生产要素，将批发电力市场和碳排放权交易市场结合起来，使前者引导后者，后者服务于前者。在两类市场中发挥信息非对称和不确定性复杂情形下，一级密封拍卖、相关物品组合拍卖、多阶段拍卖、统一价格拍卖的综合优势。克服目前电力现货市场采用统一价格（MCP）和报价支付（PAB）拍卖，以及碳排放权交易市场主要采用免费分配等机制没有完全满足电力系统激励性机制设计要求的不足。因此，新市场组合可以在微观层面上，促进发电商降低碳排放强度，降低单位发电量期望燃料成本，降低厂自用电率，内化减排成本，改善经营优势；在宏观层面上，促进碳排放权交易市场和批发电力市场的协调运行，在保证国民经济所需电力的前提下有效地激励发电商减少碳排放，推动经济、电能与环境的协调发展。

新市场组合的理论意义包括以下几点。

第一，把碳排放权作为一种有偿生产要素，纳入电力系统经济调度机制，构建电力市场和碳排放权交易市场条件下的经济调度模型，丰富了激励性机制设计理论在煤电行业碳减排方面的应用。

第二，针对初始碳排放权市场排放权配置和电力市场电能配置，构建数量和价格都不确定的两阶段动态一级密封组合拍卖的随机参数线性规划数学模型，丰富了相关物品组合拍卖理论中投标语言表达和激励问题的研究，拓展了该理论在煤电行业碳减排中的应用。

第三，新市场组合从成本函数、容量、碳排放强度和厂自用电率 4 个方面放松了供给函数均衡模型的对称发电商假设，在碳排放权交易市场和电力市场建立一个两阶段供给函数均衡模型。运用临界价格区间和均衡向量空间两个精炼规则简化求解过程的复杂性。给发电商尽可能大的自由度应对信息非对称和不确定性等复杂形势下的市场竞争，增强了模型的实用性。

1.3 碳减排市场组合设计思路与技术路线

碳减排市场组合设计思路为煤电行业碳减排研究背景与意义、相关理论基础、电能与环境协调发展实证研究、国外燃煤发电企业碳减排新进展、国内燃煤发电企业碳减排实施情况、煤电行业碳减排市场组合设计、初始排放权市场发电商决策行为分析、初始排放权市场均衡及其有效性检验、电力市场发电商决策行为分析、电力市场均衡及其有效性检验、结论与展望。整体框架结构如图 1–1 所示。

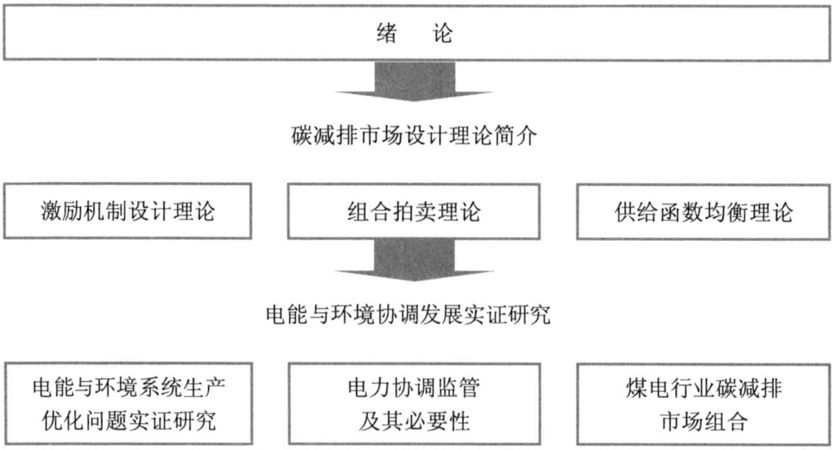

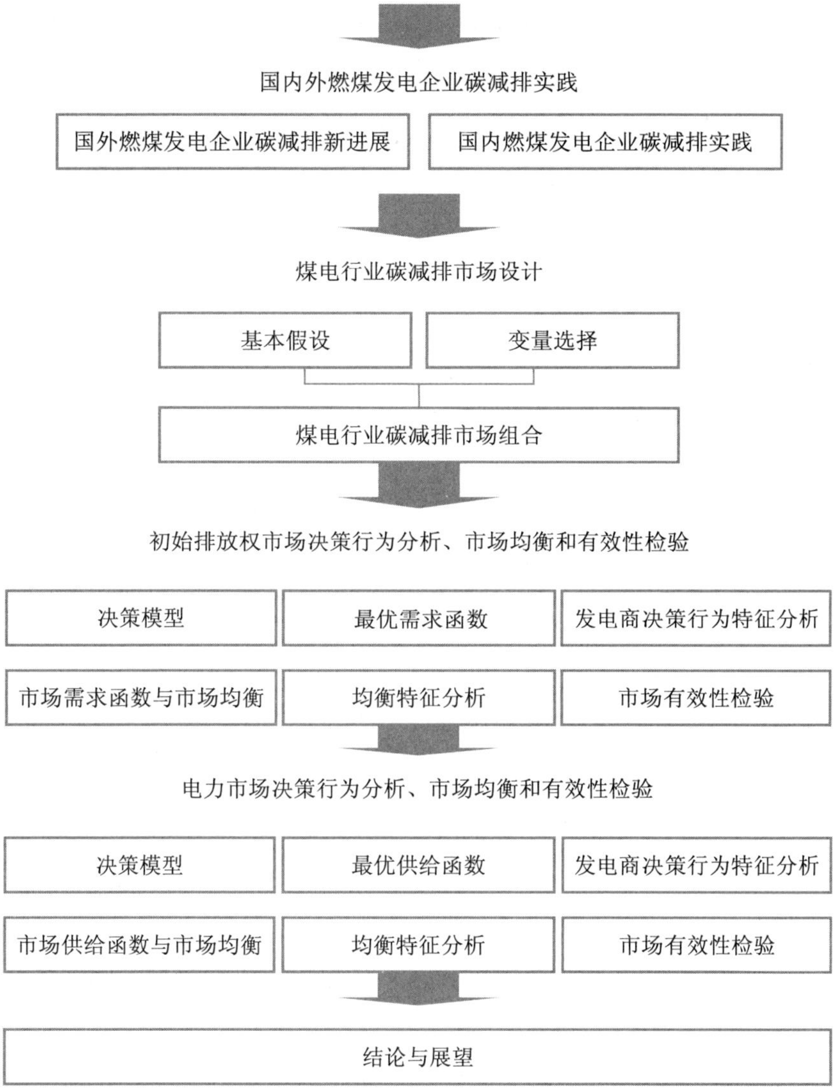

图 1–1　本书框架结构

规范研究与实证研究是相对应的两种研究方法。前者从一定价值判断的角度出发，回答在经济运行的过程中“应当是怎样”；后者从客观现实的角度出发，回答在经济运行的过程中“实际是怎样”。本书研究对象属于资源环境管理范畴，以实证研究为基础，在规范研究的框架下，将定性分析和定量分析相结合。运用的理论工具主要有激励性规制理论、激励性机制设计理论、组合拍卖理论、供给函数均衡理论，所采用的研究方法主要有文献调查、访谈法、实地考察、数学规划和仿真模拟。

第 1 章煤电行业碳减排研究背景、第 3 章国内外电力监管历程，以及第 4 章和第 5 章国内外燃煤发电企业碳减排实践主要运用访谈法和文献调查法。

第 2 章碳减排市场设计相关理论基础主要运用文献调查法。

第 3 章实证研究部分主要运用网络调查法、实地考察、数学规划、主成分分析法、弹性分析法。

第 6 章“煤电行业碳减排市场组合设计”属于规范研究框架下的定性分析，涉及电力监管、激励性机制设计理论、组合拍卖理论、供给函数均衡理论的综合运用。

第 7 章“初始排放权市场中发电商决策行为分析”和第 9 章“电力市场中发电商决策行为分析”主要运用随机参数线性规划方法，体现规范研究框架下定性分析与定量分析的结合，涉及组合拍卖理论和供给函数均衡理论的综合运用。

第 8 章“初始排放权市场均衡和有效性检验”和第 10 章“电力市场均衡和有效性检验”主要运用仿真模拟方法，体现规范研究框架下的定量分析，涉及供给函数均衡理论。

1.4　碳减排市场组合设计目的与内容

1.4.1　目的

碳减排市场组合设计目的在于从理论和实践两个角度研究煤电行业碳减排问题，试图把碳排放权交易市场和批发电力市场相结合，设计出一种在保证国民经济发展所需电力的前提下，既能够提高市场配置资源的效率，又能有效激励发电商减少碳排放的减排市场组合。

具体地说，探讨在电能与环境协调监管下，设计出这样一种碳减排市场组合：把碳排放权交易市场和批发电力市场相结合，通过电力监管者和环境监管者协调确定两个市场健康、稳定运行的关键参数（价格监管、市场力监管、负荷预测、碳排放权总量控制、标准排放强度、排放权价格惩罚等）和市场运行规则（拍卖方式、市场价格确定、数量分配、排放权二级市场交易方式和交易成本等）；发电商以期望利润最大化为目标，根据本阶段能够掌握的公开信息和私人信息、确定信息和不确定信息进行碳排放权数量和价格申报决策；利用初始排放权市场发挥密封组合拍卖的价格发现功能和该市场运行规则，实现对排放权定价和有偿分配，通过公开、公平竞争提高初始排放权配置效率。在接下来的批发电力市场竞争中，理性发电商仍以期望利润最大化为目标，但会根据变化了的公开信息和私人信息、确定信息和不确定信息，同时进行发电量和电价申报决策；碳排放权作为一种不可或缺的生产要素，在第二阶段决策时，理性发电商可以考虑是否参与，以及怎样参与排放权二级市场交易（在排放权二级市场运行规则下，是出售还是购买排放权；如果购买排放权，是向其他发电商购买，还是直接向环境监管者申购）；发挥电力市场密封组合拍卖的价格发现功能和相应市场运行规则来确定电价和电量分配，提高电力市场配置效率，最终激励发电商在保证国民经济发展所需电力的前提下，有效减少碳排放。

1.4.2 内容

碳减排市场组合设计内容围绕电能与环境协调监管下，把碳排放权交易市场和批发电力市场相结合，以激励发电商在保证国民经济所需电力的前提下，有效减少碳排放这条主线，综合运用组合拍卖理论、激励性机制设计理论、供给函数均衡理论设计煤电行业碳减排市场组合。具体地说，新市场组合设计的研究内容主要如下：

第 1 章：绪论，交代研究背景与意义、研究方法和技术路线、研究目的和主要内容。

第 2 章：国内外碳减排市场设计涉及的相关理论。首先对两个基本概念——电力市场和碳排放权交易市场进行界定。由于新市场组合设计主要运用激励性机制设计理论、组合拍卖理论、供给函数均衡理论，因此，该章梳理了这三种理论研究动态及其在燃煤发电企业碳减排的应用情况。

第 3 章：电能与环境协调发展实证研究。对我国西部地区电能与环境系统的生产优化、技术进步和关联度进行实证研究。以此为基础，结合国内外电力监管发展历程回顾，明确界定煤电行业碳减排市场组合这一基本概念。

第 4 章：国外燃煤发电企业碳减排新进展。对国外燃煤发电企业碳减排进行深入调查，得到国外煤电行业碳减排市场设计的成功经验和不足，提炼出建立组合减排机制的政策启示。

第 5 章：国内燃煤发电企业碳减排实践。对我国燃煤发电企业碳减排现状进行分析，归纳出我国煤电行业碳减排主要面临的技术、监管、市场及其协调等问题。

第 6 章：煤电行业碳减排市场组合设计。综合运用激励性机制设计理论、组合拍卖理论和供给函数均衡理论，设计出煤电行业碳减排市场组合。首先，对新市场组合的适用环境作出基本假设。其次，确定出新市场组合涉及的相关变量。这既是基于对新市场组合进行数学描述和定量分析的必要，也是基于应用供给函数均衡理论对发电商决策行为进行定量分析的必要。最后，给出新市场组合的框架结构，并对其运行机理进行详细定性描述。

第 7 章：初始排放权市场中发电商决策行为分析。新市场组合要求发电商在初始排放权市场中同时进行数量和价格都不确定的相关同质物品一级密封组合拍卖。本部分运用组合拍卖理论和供给函数均衡理论建立发电商在初始排放权市场的随机参数线性规划决策模型，求解出发电商最优需求函数。进一步分析发电商在初始排放权市场决策行为的主要特征。

这些特征表明，在新市场组合下，碳排放权会优先配置给具有经营优势的发电商，同时新市场组合也通过排放权价格惩罚因子、二级市场交易成本率和该市场运行规则较好地抑制了发电商利用排放权交易来获取暴利的投机行为。

第 8 章：初始排放权市场均衡和有效性检验。首先根据发电商申报曲线推导出初始排放权市场需求曲线，然后结合市场供给曲线，求解出初始排放权市场的纳什均衡。通过监管规则和市场拍卖过程，运用排放权临界价格区间（ECPR）规则对均衡解进行精炼处理，实现对碳排放权定价，初步完成排放权有效配置。

本章对初始排放权市场均衡特征进行分析。这些结论体现出在新市场组合下，碳排放权以较低价格优先满足具有综合经营优势的发电商（碳排放权二级市场价格不低于初始碳排放权市场价格）。

最后，本章运用仿真模拟，证实第 7 章得到的发电商在初始碳排放权交易市场中报价和报量序列关系确实存在。并证实，给定上网电量，在新市场组合下初始碳排放权交易市场要求的碳排放权总量低于现行总量和控制下的碳交易市场的碳排放权总量。因此，新市场组合下的初始碳排放权交易市场能够通过组合拍卖过程、市场价格形成过程，以及碳排放权分配过程激励发电商减少碳排放，促进碳排放权资源的有效配置。

第 9 章：电力市场中发电商决策行为分析。新市场组合要求发电商在电力市场中同时进行数量和价格都不确定的相关同质物品一级密封组合拍卖。运用组合拍卖理论和供给函数均衡理论，建立发电商在电力市场的随机参数线性规划决策模型，求解出发电商最优供给函数。进一步分析发电商在电力市场决策行为的主要特征。

这些特征体现出，在新市场组合下，批发电力市场将上网电量优先配置给具有由单位发电量期望燃料成本、厂自用电率和排放强度构成的综合经营优势的发电商。从而可以激励发电商改善经营优势，降低碳排放强度，促进碳排放权和电能生产的优化配置。这也体现了电力协调监管下通过经济调度来实现社会福利最大化的要求。

第 10 章：电力市场均衡和有效性检验。首先根据发电商的申报曲线，推导出电力市场供给曲线。然后，结合市场需求曲线求解出电力市场的纳什均衡。通过监管规则和市场拍卖过程，运用均衡向量空间（EVS）规则对均衡解进行精炼处理，实现对电力定价和电量分配，最终完成在保证国民经济所需电力的前提下，对碳排放权的有效配置。

本章还对电力市场均衡特征进行分析。这些特征表明，在新市场组合下，批发电力市场能够在保证国民经济所需电力的前提下，将发电量优先配置给具有综合经营优势的发电商，从而激励发电商降低单位发电量期望燃料成本，降低厂自用电率，降低碳排放强度，提高碳排放权的配置效率。

最后，本章通过仿真模拟，证实第 9 章得到的批发电力市场中发电商申报价格的序列关系和申报发电量的特征确实存在。并且，在给定上网电量的情况下，新市场组合的总排放量将低于现行总量控制下碳交易机制的总排放量；同时，碳价向电价转移比例也被控制在合理范围。因此，在新市场组合下，批发电力市场对资源配置是有效的，能够有效地激励发电商减少碳排放。

第 11 章：结论与展望。对本书主要结论进行归纳，提出后续工作努力的方向。

第 2 章　国内外碳减排市场设计的相关理论

首先对电力市场和碳排放权交易市场两个基本概念进行界定。对国内外碳减排市场设计涉及的激励性机制设计理论、组合拍卖理论、供给函数均衡理论的研究动态及其在煤电行业碳减排方面的应用情况进行梳理。这项工作为新市场组合设计提供理论依据。

2.1　相关概念界定

2.1.1　电力市场

从经济学角度，电力（包括功率和电能）是一种能够被买卖的商品。电力市场从短期交易角度来看是通过竞价拍卖来实现有效交易电力的系统，从长期交易角度来看是通过类似于电力购买合同和买卖双方私人双边交易来实现有效交易电能的系统。典型的批发电力市场是由市场运营者或具有特定目的的独立实体（如中国 2013 年以前的电监会、2015 年以后的电力交易机构等）来主持市场出清和结算工作。为完成该项功能，他们往往要收取额外费用。市场运营者不一定需要清楚哪个发电商电能卖给哪个购买者这类详细情况，但为保持电力电量平衡，他们需要知道交易整体信息。按国家电力监管委员会的定义，电力市场包括广义和狭义两种。前者是指电力生产、传输、使用和销售关系的总和；后者即竞争性电力市场，是电能生产者和使用者通过协商、竞价等方式就电能及相关产品进行交易，通过市场竞争确定价格和数量的机制。竞争性电力市场具有开放性、竞争性、计划性和协调性。竞争性电力市场要素包括市场主体、市场客体、市场载体、市场价格、市场规则等。

电力市场的商品一般由功率和电能两类组成。前者是发电机组在任意给定时点的净电力输出，以兆瓦（MW）或千瓦（kW）来计量；后者是给定一段时间的电力流量，以兆瓦•时（MW•h）或千瓦•时（kW•h）来计量。功率类商品主要包括 5 min、15 min 和 60 min 间歇性电力输出。电能类商品主要是上网电量，其相关商品包括市场运营者为保证电力系统可靠性和灵活性的各种辅助服务，如旋转备用、非旋转备用、运营备用、响应备用、约束上机组、约束下机组，以及装机容量等。对于多数市场运营者，在成熟的电力市场中往往都存在着活跃的输电阻塞、电力期货以及电力期权等电力衍生金融工具交易。

按 Hunt 等的观点，电力市场结构分为四类：完全垄断电力市场（没有独立发电商）、购买者代理电力市场（单一购买者从多个独立发电商购电）、批发竞争电力市场（独立发电商可以向任何配电公司售电，可以进入输电网）和零售竞争电力市场（独立发电商可以向任何零售用户售电，可以进入配电网）。显然，他们是依据电力系统允许竞争程度来划分的。

按中国电力监管机构能力建设研究报告，购买者代理电力市场是目前中国电力市场化改革的一种过渡结构，批发竞争电力市场是改革的目标市场结构，零售竞争电力市场是最终目标市场结构。在近年文献资料中，购买者代理电力市场和批发竞争电力市场被统称为批发竞争电力市场。本书所指的电力市场是所有发电商都是独立发电商（IPP），区域电网公司为单一购买者，全电量参与竞价的批发电力市场。

市场力是电力市场健康、稳定运行的重要参数。从微观经济学角度来看，市场力可以定义为追逐利润而改变竞争性价格的能力。在电力市场中，市场力意味着把资源集中在一个（或少数几个）发电商的程度。它也可定义为发电商为追逐利润而在一段重要时间把价格维持在高于竞争性水平以上的能力。按美国司法部（DOJ）的规定，“一段重要时间”通常指 1 ～ 2 年。但 2000 年加利福尼亚州电力危机表明，在诸如日前市场等短期过程中，发电商实施市场力的能力可能带来电力系统的巨大破坏，并严重影响电力市场的自由竞争。

通常，发电商可能通过两种方式实施市场力：经济囤积和物理囤积。前者意味着发电商采取远高于其发电边际成本的报价来推动市场价格上升；后者意味着发电商采取不参与竞价或者只以部分可用发电容量参与竞价来减少市场供给量，推动市场价格上升。

市场力和电力市场结构、市场竞争程度、拍卖方式、发电商拥有的经营优势，以及监管政策有密切关系。Li 等发现输电阻塞可能会增强发电商实施市场力的能力，而运用价格上限、发电与输电剥离、差价合约（CfD）能够有效地抑制发电商行使市场力。Tamaschke 等研究澳大利亚昆士兰州批发电力市场，发现在电力产业放松管制过程中，发电商曾实施过很强的市场力。

一般来说，市场力可通过赫芬达尔—赫希曼指数（HHI）、动态赫芬达尔—赫希曼指数（DHHI）、勒纳指数（LI）、TOP-m 份额（即市场集中率）和剩余供给能力指数（RSI）来度量。

赫芬达尔—赫希曼指数被定义为

$$\mathrm{HHI} = \sum_{i=1}^{N} s_i^2 \tag{2-1}$$

式中，N 是市场参与者数量，s 是每个参与者的市场份额。如果去掉百分号，HHI=10 000 表明市场是完全垄断市场，HHI<1 000 表明市场是分散的，

1 000<HHI<1 800 表明市场是适度集中的，HHI>1 800 表明市场是高度集中的。例如，在 1998 年英格兰和威尔士（E&W）电力现货市场，赫芬达尔 — 赫希曼指数为 1 501。因此，该市场可以认为是适度集中的电力市场。

HHI 在度量电力现货市场的市场力时存在一个问题：伴随电力系统需求的上升，越来越多发电商进入调度序列，于是参与竞争的发电商越来越少。最终，在供给曲线处于非常高的峰荷阶段往往仅有一个发电商有剩余容量可以被调度。该发电商处于事实上的完全垄断状态，其可以任意决定市场价格。这意味着尽管在基荷水平有许多发电商参与竞争，但在高负荷阶段，通常仅有少数几个发电商能够决定市场价格。伴随需求逐步得到满足，竞争者减少，这种情形在 HHI 中未能得到较好处理。Bialek 引入 DHHI 来克服 HHI 的这种不足。DHHI 随需求而不断变化，并且只考虑在给定价格水平仍有剩余容量参与竞争的发电商。DHHI 被定义为

$$\mathrm{DHHI}=\sum_{i=1}^{N(D)}[s_i(D^+)]^2 \tag{2-2}$$

式中，$N(D)$ 是在需求量为 D 时仍有剩余容量的发电商数量；$s_i(D^+)$ 具体指在未被调度的总剩余容量中的市场份额。

剩余供给能力指数。对于特定小时的特定电力市场，每个发电商参与市场竞价的容量可以表示为w_1，w_2，…，w_n，其中 n 是在该市场中发电商的数量。令 D 表示市场需求量，$S_i=w_i/D$ 表示发电商 i 的最大供给份额。则市场裕度（BS）可通过下式计算：

$$BS=\sum_{i=1}^{n}\frac{w_i}{D} \tag{2-3}$$

发电商 i 的剩余供给能力指数度量了除该发电商以外，其余发电商在市场中的剩余供给百分比。发电商 i 的剩余供给能力指数（RSI_i）可通过式（2–4）计算

$$\mathrm{RSI}_i=BS-S_i \tag{2-4}$$

如果 $\mathrm{RSI}_i > 100\%$，表明除发电商 i 外，其他发电商拥有足够剩余容量来满足市场需求。此时，发电商 i 对市场出清价格的形成影响较小。相反，如果 $\mathrm{RSI}_i < 100\%$，表明发电商 i 对于满足市场需求而言是必须要调度的。此时，发电商 i 就构成市场中的一个关键发电商。作为关键发电商，它拥有完全操纵市场出清价格的能力。在给定时段，市场的剩余供给能力指数可以表示为所有发电商剩余供给能力指数中的最小值。即

$$\begin{aligned}\mathrm{RSI} &= \min\{RSI_i \mid i=1, \cdots, n\} \\ &= \mathrm{BS} - \max\{S_i \mid i=1, \cdots, n\}\end{aligned} \tag{2-5}$$

Rahimi 等在实证研究的基础上，认为 RSI 值超过 150% 表明市场具有合理的竞争程度。

Asgari 等研究伊朗电力市场的剩余供给能力指数时发现，尽管在集中度容许范围内，由于在需求量接近电力系统总的可供容量阶段，供给出现稀缺，但即使是市场份额相对较小的发电商也可能实施较强的市场力。他们认为在 2007 年 3 月至 2008 年 3 月，伊朗电力市场中的发电商运用经济囤积方式实施过较强的市场力。

在微观经济学中，勒纳指数（LI）被定义为市场价格高于企业边际成本的程度。即

$$\mathrm{LI}_i = \frac{\rho - \mathrm{MC}_i}{\rho} \tag{2-6}$$

式中，ρ 为市场价格，MC_i 为第 i 个企业的边际成本。

LI 越大，该企业操纵市场价格的能力就越强，其市场力也就越大。

TOP-m 份额是市场中最大的 m 个发电商所占有的市场份额。该指标越大，表明市场集中程度越高。常用的有 TOP-4 和 TOP-8 指标，分别表示行业中最大 4 个和 8 个发电商所占的市场份额。一般来说，TOP-4 指标大于 65%，表明该电力市场属于寡头垄断市场。

由此可见，不同类型的电力市场需要运用不同市场力指标才能够准确地

度量发电商在该类电力市场中行使市场力的情况。RSI 和 DHHI 适于监测日前或小时前电力现货市场中发电商行使市场力的情况，DHHI 和 TOP-*m* 份额适于监测中长期电力市场中发电商行使市场力的情况，而勒纳指数既适于监测短期电力现货市场，也适于监测中长期电力市场中发电商行使市场力的情况。

在各种电力市场中，发电商要行使市场力，拥有非零剩余供给能力是一个必要条件。结合上述分析，对于中长期电力市场，电力监管者可以通过设定发电商剩余供给能力把市场力控制在合理范围。比如，2002 年《国务院关于印发电力体制改革方案的通知》规定，每个发电商在各电力市场中的份额原则上不超过 20%。

2.1.2　碳排放权交易市场

碳排放权交易最早由 Dales 提出并在美国得到实践——美国于 1976 年在燃煤发电企业推行 SO_2 排放权交易。排放许可证交易制度是科斯产权理论在解决环境污染和环境破坏问题中的运用。通过建立交易许可证制度，政府对某个地区定出排污或消耗自然资源最大限量，然后把排放权以许可证形式赋予企业或个人，允许相互交易，让市场决定价格。

根据政府间气候变化专门委员会（IPCC）评估报告，各国普遍认同“把大气中温室气体浓度稳定在不对气候系统造成危害的水平”这一目标。1992 年，联合国环境与发展大会通过应对全球气候变化的《联合国气候变化框架公约》，1997 年 12 月，在日本京都召开的第 3 次缔约方大会上，149 个国家和地区代表通过了具有量化目标的《京都议定书》。规定从 2008—2012 年，附件 I 中发达国家温室气体排放量要在 1990 年基础上减少 5.2%。2005 年 2 月《京都议定书》正式生效，这是第一个具有法律约束力的旨在防止全球气候变暖而要求减少温室气体排放的条约。《京都议定书》建立三种基于市场的国际合作减排机制：一是国际排放贸易（ET），允许附件I国家之间相互转让部分"容许排放量"。二是联合履行（JI）机制，允许附件I国家从其他工业化国家投资项目产生的减排量中获取减排信用。三是清洁发展机制（CDM），允许附件I国家投资者投资于发展中国家的减排项目来获取核证减排量（CERs）。

Capoor等把碳交易市场分为两种：基于项目交易和基于配额交易。前者是买主向可证实减少温室气体排放的项目购买减排额，如《京都议定书》中清洁发展机制产生的核证减排量和联合履约机制产生的减排单位（ERUs）；后者即总量控制下的碳交易机制，企业购买由管理者制定、分配（或拍卖）的减排配额，如《京都议定书》的分配数量单位（AAU）、欧盟碳交易（EU ETS）的欧盟配额（EUAs）等。许明珠认为，碳排放权交易市场交易对象既包括基于项目减排量，也包括在现存（或即将出现）限额贸易机制下的温室气体排放配额交易。从该文分析，其"基于项目减排量"特指《京都议定书》CDM和JI项目带来的减排量。因此，Capoor等以及许明珠界定的碳排放权交易市场可以理解为《京都议定书》三种碳减排机制所涉及交易关系的总和。

基于科斯产权理论，于天飞认为，碳排放权不仅是一种服务于环境改善目标的人造工具，也是一种制度安排，它具有稀缺性、强制性、排他性、可交易性和可分割性。他提出在排放权许可证制度和总量控制的基础上建立符合我国市场经济发展的碳排放权交易机制。涂毅提出我国可建立国内交易和国际交易两类碳排放权交易市场。国内市场采取总量控制下的交易机制，以省为单位设定排放权上限。显然，于天飞设计的碳排放权交易市场和涂毅的国内碳排放权交易市场都是《京都议定书》中"国际排放贸易"在一个国家或地区范围内的具体应用，是一种狭义的碳排放权交易市场。

狭义的碳排放权交易市场，即总量控制下的交易机制，已经被欧盟碳交易、新南威尔士碳交易（NSW ETS）、北美温室气体贸易协定（RGGI）等国家或区域广泛采用。在这些交易机制下，主管部门设定排放权总量，并以免费的方式配置给合乎条件的企业（欧盟 2012 年前 10% 左右的排放权通过拍卖分配，中国 2021 年启动的发电行业全国碳排放权交易市场采用免费配额分配）。为最小化排放权总量监管引起的减排成本，主管部门允许排放权在企业之间交易。欧盟碳交易是目前世界上交易额、交易量最大且发展最成熟的总量控制下碳交易市场。2001 年 10 月，欧盟公布实施碳排放交易指导意见，2003 年欧洲议会在斯特拉斯堡投票通过该指导意见，决定在 2005—2007 年实施总量控制下碳排放权交易。早期碳排放权交易主要以 OTC 柜台交易和经纪人两种方式进行。澳大利亚新南威尔士碳交易是与 EU ETS 市场规则相类似的碳排放权交易体系。英国在 2002 年 4 月成立全球第一个碳排放权交易市场，交易对象涵盖《京都议定书》规定的 6 种温室气体。

我国 2002 年开始针对二氧化硫实施排放总量控制及排放权交易试点。2011 年，国家发展改革委批准北京、天津、上海、重庆、武汉、广州、深圳等 7 市开展碳排放权交易试点。党的十八大提出加强生态文明制度建设，积极开展碳排放权交易试点。2017 年，福建省也加入试点地区。国家“十二五”和“十三五”规划把碳排放强度分别降低 17% 和 18% 纳入国民经济和社会发展约束性指标。2009 年中国向国际社会承诺到 2020 年单位 GDP 碳排放在 2005 年基础上减少 40% ～ 45%，2015 年中国承诺到 2030 年单位 GDP 碳排放在 2005 年基础上减少 60% ～ 65%，2020 年中国承诺 2030 年前实现碳达峰、2060 年前实现碳中和的目标。在 8 个区域碳排放权交易试点和国家政策引导的基础上，2021 年启动了由 2 225 家企业参与的发电行业全国统一碳交易市场。由于国内碳排放权交易市场尚处于起步阶段，还需要不断积累经验并对国外碳排放权交易市场设计进行消化吸收、再设计。

赵旭峰等提出排放权层级市场结构理论，指出排放权拍卖定价方式在技术上具有可行性，在不完全竞争市场碳排放权交易中，政府“适时”“适度”

介入并有所作为是必要的。按这种观点，碳排放权交易市场属于政府监管下的分级分类市场。

按 Point Carbon 等的观点，在碳排放权交易下，排放成为一种资产或负债。一种适当方法是把碳排放视为一种生产要素，在稀缺条件下，它具有“正要素”特征。Benz 和 Trück 认为，碳排放权作为一种商品与其他商品相比较具有两个特征：碳价直接由供给稀缺性和市场需求决定以及碳排放许可证存续时间有限。结合微观经济学生产要素市场理论，碳排放权交易市场可理解为一种具有碳排放需求的产品市场的衍生市场。

碳排放权交易市场中，碳价是实现排放权资源有效配置的核心杠杆。Burtraw 把碳价成因归结为市场中由生产决定的碳需求和供给量以及政策与规制问题。Burtraw 认为，后者对碳价影响更持久。Krewitt 等研究运用福利经济学来对燃煤发电企业碳排放权进行定价研究，发现碳排放权定价可以通过计算发电商减排内部成本和环境破坏外部成本来实现。Nielsen 等指出，碳排放应坚持“谁排放谁负责”原则。这意味着市场设计时需要考虑把排放者的外部成本内部化。

Rezek 等认为，碳排放权定价研究早期主要是借鉴二氧化硫定价方法，运用产业组织模型，改变其技术参数和电力需求形成优化的均衡价格路径。Burtraw 等都循着这种思路从不同角度对碳排放权交易机制的设计参数进行仿真研究。Daskalakis 等研究优化设计碳排放衍生金融工具问题。通过对碳价和衍生金融工具价格关系的研究，发现市场参与者采用标准无套利定价方式来实现对碳排放权定价。循着这种思路，美国学者 Tideman 等运用政府长期零息债券（30 年期）在各时期赎回价值来确定碳排放权价格。Gillingham 等研究表明，在气候政策模型中设计和运用技术变化模型对各时段碳减排价格和成本很重要。他们在分析价格推动技术变化模型、R&D 推动模型、学习模型三种内生技术变化模型的优势、局限与政策约束后，认为关键问题在于正确估计与气候变化相关的知识生产的机会成本、知识溢出与估计。上述研究表明，碳排放权定价与其他实物产品相比，具有较大不确定性，通过拍卖的价格发现功能对排放权定价更能反映市场参与者碳减排成本信息，更具公平性和效率性。

绿色电力市场是与碳排放权交易市场相关的要素市场。可再生能源证（RECs）是美国在 20 世纪 90 年代中期电力产业重组中提出的，当时认为竞争性电力市场会排斥可再生能源发电，于是采用可再生能源证书来鼓励新能源发电，允许其作为一种环境商品在发电商之间交易。Gillenwater 认为，在对待可再生能源证书方面，可再生能源市场和碳排放权交易市场存在混乱状态。RECs 的“环境特征”或“环境利益”定义过于泛化且存在模糊性，误导消费者对碳减排的经济支持。Gillenwater 进一步发现，RECs 按离点特征来定义会带来一系列问题。比如，如果一个地区既执行总量控制下碳交易计划，又实施 RECs 交易，则碳排放权会因 RECs 界定而转移到非碳交易地区。他提出按点源特征来定义和设计 RECs，可以解决碳交易市场与 RECs 交易市场不协调的矛盾。如非捆绑式发电排放特性证书（GEAC）等。

本书在借鉴于天飞等学者观点的基础上，结合电力协调监管中需要保证燃煤发电企业健康、稳定发展的要求，把碳排放权交易市场作为一种电力协调监管下的分级分类市场，将其分为初始排放权市场和排放权二级市场。在初始排放权市场中，发电商通过拍卖有偿分配碳排放权生产要素，利用拍卖价格发现功能实现对碳排放权定价；在排放权二级市场，发电商之间可以进行排放权交易，也可以直接向环境监管者申购不足数量。但对于前者，卖方需向环境监管者支付交易成本；对于后者，发电商需要承担由排放权价格、价格惩罚因子和交易成本率构成的最高价格。通过第 7 ～ 10 章模型研究和仿真模拟可知，这种市场设计既发挥了碳排放权交易市场作为要素市场，服务于电力这种产品市场的功能；又有效抑制了发电商利用碳排放权投机获取暴利的行为。因此，碳减排市场组合设计可以较好地激励发电商减少碳排放。

《京都议定书》附件 A 给出 6 种温室气体：二氧化碳（CO_2）、甲烷（CH_4）、氧化亚氮（N_2O）、氢氟碳化物(HFCs)、全氟化碳（PFCs）、六氟化硫（SF_6）。其中，二氧化碳对气候变化影响最大，它产生的温室效应占总温室效应的 63%，在大气中存留期可达 200 年。政府间气候变化专门委员会第 3 次评估报告给出 6 种温室气体当量换算关系，见表 2–1。

表 2–1　6 种温室气体当量换算系数

名　称	二氧化碳	甲烷	氧化亚氮
全球变暖潜力（GWP）	1	21	310
名　称	氢氟碳化物	全氟化碳	六氟化硫
全球变暖潜力（GWP）	140 ～ 11 700	140 ～ 11 700	23 900

资料来源：Mukhtar 等 (2004).

本书在两个层面上使用“碳”概念，一是狭义“碳”概念，特指二氧化碳。这不仅在于二氧化碳的温室效应贡献最大，而且包括欧盟碳交易计划（第 1 阶段），新南威尔士碳交易计划，我国 8 个试点省（市）的碳排放权交易、目前发电行业全国统一碳交易市场，其交易对象都只针对二氧化碳。二是广义“碳”概念，涵盖《京都议定书》的 6 种温室气体。这主要是考虑到目前 CDM 和 JI 等基于项目的碳交易都已涉及其他温室气体；同时，随着市场的完善，包括欧盟碳交易计划在内的各个国家、地区基于配额碳排放权交易也逐步把其他温室气体纳入交易范畴。比如，2014 年我国国家发展改革委通过的《碳排放权交易管理暂行办法》已涵盖 6 种温室气体。另外，除了特别说明，本书排放权特指碳排放权。

2.2　激励性机制设计理论及其在燃煤发电企业碳减排的应用

激励性机制设计理论是新市场组合设计的理论工具之一。首先，对该理论进行梳理；其次，分析该理论在燃煤发电企业碳减排的应用情况；最后，对应用该理论设计新市场组合进行简要说明。

2.2.1　激励性机制设计理论基础

激励性机制设计理论思想源于 20 世纪 30 年代，它提出怎样激励参与者披露真实成本、意愿等信息的问题。1972 年，Hurwice 引入激励相容概念，创立激励性机制设计理论。他证明私人经济环境中，在参与约束条件下，不存在一个有效分散化的经济机制能够导致资源的帕累托（Pareto）最优配置，并使人们有动力显示真实信息。也就是说，真实显示偏好和资源的帕累托最优配置是不可能同时达到的。20 世纪 70 年代，显示原理和实施理论进一步推动激励性机制设计理论往纵深方向发展。显示原理简化了激励性机制设计理论的问题分析。在 Gibbard 提出直接显示机制之后，迈尔森等将其拓展到贝叶斯纳什均衡上，开创其在规制理论和拍卖理论方面的研究。针对显示原理没有涉及多个均衡问题，马斯金从中引出实施理论。目前该理论已在包括社会选择、不完全契约等多个研究领域发挥重要作用。作为博弈论分支，激励性机制设计理论研究在自由选择、自愿交换、信息不完全、决策分散化条件下，如何设计一套激励机制来达到既定目标。它在信息不对称问题上扩展了传统经济理论，广泛应用于经济、社会领域，尤其在最优税收理论、拍卖理论领域得到成功应用。

激励性机制设计理论是博弈论和社会选择理论的综合运用。按 Mas-Colell 的观点，一种激励性机制是决定参与者展开博弈的一系列规则集合。这些规则旨在通过向参与者提供适当激励来达到某种确定结果。激励性机制可以是分权化的（如自由市场、公开拍卖等），也可以是集权化的（如军队等），或者介于两者之间的其他任何形式（如各种存在监管的电力市场等）。激励性机制设计基本原理是，在相同情形下，任何隐含机制产生的效果都等于一个简单直接机制的效果。

一般来说，一种激励性机制需要满足以下 3 个必要条件才能有效服务于设计者想达到的目标。

（1）个人理性，即参与性约束。传统西方经济学采用经济人假设，主要观点是人是理性的，行为目的在于追求自身物质利益最大化。在激励性机制设计中，如果没有参与者在“说真话”均衡状态导致利润损失，这种激励性机制就被认为具有个人理性。该条件是必需的，因为参与者在该机制下博弈通常还有“放弃”这种选择。比如，在 EU ETS 第二阶段，发电商为取得排放权生产要素，不一定必须参与初始分配的拍卖活动。他可能更愿意从市场交易获得必须排放权或实施投机行为获取暴利。因此，本书设计相应市场规则来约束发电商的投机行为，使发电商知道，在新市场组合下，站在初始排放权市场拍卖阶段作排放权申报决策时，根据此时能够获得公开和私人信息、确定和不确定信息，最优策略是努力通过初始排放权市场获得发电所必要的排放权，此时考虑排放权二级市场交易是无利可图的；站在电力市场拍卖阶段作发电量决策时，根据变化了的公开和私人信息、确定和不确定信息，最优策略是在考虑排放权使用取向下（给定排放权二级市场规则，是否参与和如何参与该市场交易）努力通过电力市场获得尽可能多的发电量。

（2）激励相容性。一种激励机制具有激励相容性，表明只要其他参与者提交真实私人信息，每一个参与者最优策略也是提交真实私人信息，即“说真话是一种均衡”。广义激励相容性并不意味着一个参与者总是说真话，相反，它强调“如果其他参与者说真话，我的最优策略是说真话”。但在强激励相容性状态，无论其他参与者是否说真话，每个参与者最优策略都是说真话。即说真话对所有参与者而言都是占优策略。如囚徒困境机制下，参与者最优策略即是占优策略。

（3）可行性。在激励性机制设计中，如果该机制下的分配满足各种物理约束，就认为该激励机制是可行的。在电力系统中，这意味着在该激励机制下电力生产调度需要满足发电商的机组技术约束、输电网地理分布和物理性能约束。

由此可见，电力系统激励性机制可以表示为

$$M = M\left[\mathrm{IC}(R_{ic}),\ \mathrm{ID}(R_{id}),\ F(R_f)\right]$$
$$ic = 1,\cdots,\ \mathrm{IC};\quad id = 1,\cdots,\ \mathrm{ID};\quad f = 1,\cdots,\ F \qquad (2-7)$$

式中，IC 表示激励相容，ID 表示个人理性，F 表示可行性，R 表示规则。$\mathrm{IC}(R_{\mathrm{ic}})$ 表示激励相容性规则集，$\mathrm{ID}(R_{\mathrm{id}})$ 表示个人理性规则集，$F(R_{\mathrm{f}})$ 表示可行性规则集。式（2–7）表明电力系统激励性机制应当包括激励相容性、个人理性和可行性 3 个规则集合。这 3 个集合关系可以是互斥的，也可以是相容的。

从功能上分析，$\mathrm{IC}(R_{\mathrm{ic}})$ 解决激励机制 M 实施中，确保参与者显示真实信息的问题，即满足：

$$U_j^{\mathrm{IC}(R_{ic})}\left(\bigcap_{s=1}^{N}\mathrm{true}_s\right) > U_j^{\mathrm{IC}(R_{ic})}\left(\mathrm{false}_j,\ \bigcap_{s=1,\ s\neq j}^{N}\mathrm{true}_s\right),\ \forall j = 1,\ \cdots,\ N \qquad (2-8)$$

式中，U 表示效用，左端表示所有参与者都显示真实信息下参与者 j 的效用，右端表示只有参与者 j 谎报其真实信息下参与者 j 的效用。

在强激励相容状态下，不管其他人是否显示真实信息，参与者 j 的最优策略都是显示真实信息，从而式 (2–8) 可简化为

$$U_j^{\mathrm{IC}(R_{ic})}(\mathrm{true}_s) > U_j^{\mathrm{IC}(R_{ic})}(\mathrm{false}_j),\ \forall j = 1,\ \cdots,\ N \qquad (2-9)$$

$\mathrm{ID}(R_{id})$ 解决激励机制 M 实施中，确保参与者实现自身效用或利润最大化的问题，即满足：

$$U_j\left[\mathrm{ID}(R_{id})\right] > U_j\left[\overline{\mathrm{ID}(R_{id})}\right],\ \forall j = 1,\ \cdots,\ N \qquad (2-10)$$

式中，左端表示参与者j按个人理性规则集行动的效用，右端则相反。式(2−10)表明激励性机制中参与者j按个人理性规则行动总会带来更大的效用。

$F(R_f)$解决激励机制M实施中，满足电力系统技术要求和物理特性的问题。

2.2.2 激励性机制设计理论在燃煤发电企业碳减排中的应用情况

激励性机制设计理论能引导参与者上报真实信息，在实现个人利润最大化的同时，达到机制设计者目标。因此，它适合于电力市场中信息真实披露机制研究，可应用在不对称信息的电力竞价机制设计、备用市场机制设计、输电阻塞管理等方面。比如，电力市场中统一价格拍卖（MCP）和报价支付拍卖（PAB）都是激励性机制设计理论的具体应用。激励性机制设计理论在解决输电阻塞问题方面，Silva 等设计了一种激励性机制解决燃煤发电企业放松管制过程中输电阻塞问题。他们引入“信息补偿”概念，把发电商的利润分为成本补偿和信息补偿两部分。在该机制下，当发电商按利润最大化行事时，电力市场每日运营结果都是有效的。该机制不同于 Schweppe 等提出的“节点定价”和 Chao 等提出的“可交易物理输电权”。这两者只集中于运用输电权定价方法来解决输电阻塞，未考虑系统经济调度问题。

激励性机制设计理论在燃煤发电企业碳减排领域的应用主要体现在电力系统经济调度机制的碳减排效应、电力市场化的碳减排效应，以及总量控制下碳交易机制、基线与碳信贷机制、税收机制、CDM 和 JI 机制直接产生的碳减排效果。

电力系统经济调度机制的碳减排效应。电力系统经济调度机制是指如果把发电商在达到可用容量上限时的单位上网电量成本（在不考虑容量费用情形时，指单位上网电量的电量成本）进行排序，系统依次调度单位上网电量成本较低的发电商可用容量，直到满足负荷需求或系统可供调度容量被全部调度为止。

这与 Schweppe 等研究人员提出按发电商的边际成本排序实施调度具有一致性，只是前者成本是指发电商在达到可用容量上限时的边际成本。由于在碳排放权作为有偿生产要素条件下，碳排放强度、厂自用电率、单位发电量期望燃料成本都与发电商的单位上网电量成本呈正相关，因此，优先调度具有低单位上网电量成本发电商的容量，能够达到降低发电商的单位上网电量碳排放强度的效果。结合李青等建立的火电经济调度模型，在只有燃煤发电机组条件下，电力系统经济调度机制模型可表示为

$$\min C_{\mathrm{sys}} = \sum_{j=1}^{j^*-1} c_{j^*} \cdot \overline{W}_j + c_{j^*} \cdot W_{j^*} \tag{2-11}$$

Subject to,

$$\begin{cases} \sum_{j=1}^{j^*-1} \overline{W}_j + W_{j^*} = W & (2-12) \\ 0 < c_1 \leqslant \cdots \leqslant c_{j^*} \leqslant c_{j^*+1} \cdots \leqslant c_N \\ \overline{W}_j > 0, \quad W_{j^*} \geqslant 0, \ j = 1, \cdots, \ j^* - 1 & (2-13) \end{cases}$$

式中，C_{sys} 表示系统调度成本；W 为系统调度电量；$\overline{W}_j$ 表示发电商 j 最大上网电量；W_{j^*} 表示边际发电商上网电量；j^* 为系统边际发电商；c_{j^*} 为发电商单位发电量的成本。目标函数式（2–11）指电力系统调度电量产生的成本，约束条件式（2–12）表示系统调度电量等于边际发电商的调度电量与所有排序优于边际发电商的其他发电商的最大上网电量之和。式（2–13）是发电商单位发电量的成本排序。

该模型以系统调度电量产生的实际成本最小化（或单位上网电量的实际成本最小化）为目标函数。从式（2–7）～式（2–10）电力系统激励机制中个人理性角度分析，经济调度机制下，参与者电网公司和发电商的目标函数分别为式（2–14）和式（2–15）：

$$\min C_{\text{grid}} = \sum_{j=1}^{j^*-1} \rho \cdot \overline{W}_j + \rho \cdot W_{j^*} \tag{2-14}$$

$$\max \pi_j = (\rho - c_{j^*}) \cdot W_{j^*};\ j = 1,\ \cdots,\ N \tag{2-15}$$

式中，C_{grid} 为电网公司购电成本，π_j为发电商j的利润，ρ为上网电价。

在由式（2–11）~式（2–15）构成的多目标规划中，电网公司或系统调度者的目标函数最接近电力系统经济调度的目标函数，而越具有单位上网电量成本劣势的发电商的目标函数与该目标函数越不相容。电网公司需要获得发电商的单位上网电量成本信息和可用容量上限两类私人信息，而发电商追求自身上网电量带来的利润最大化。发电商可以通过两个基本途径来实现其目标：①直接或与其他发电商合谋以经济囤积或物理囤积方式，提高上网电价；②在预期上网电价不低于自身单位上网电量成本的情形下，设法抑制其他发电商进入调度序列，从而确保自身可用容量尽可能多地被调度。这两者都不利于电网公司获得式（2–11）~式（2–13）所需的发电商成本序列和可用容量上限信息。因此，在没有其他制度补偿条件下的电力系统经济调度机制对发电商而言，不满足激励性机制设计中个人理性要求［即不满足式（2–10)］，同时也不能有效引导发电商显示成本等真实信息，从而缺乏激励相容性［即不满足式（2–8）］。换言之，在没有其他制度补偿条件下经济调度机制的 IC(R_{ic}) 和 ID(R_{id}) 规则集存在缺失。

同时，也应看到，经济调度机制对发电商而言，有一定优胜劣汰的作用。自 1985 年国家出台《关于鼓励集资办电和实行多种电价的暂行规定》以来，中国电力市场化改革各阶段的政策都具有经济调度机制的资源优化配置效应，国外电力市场化改革也具有该效应。可以认为，国内外电力市场化进程都是把实现电力系统经济调度作为改革目标之一。这种调度机制事实上带来了较大的碳减排效应。比如，中国关停小火电机组、鼓励热电联产、采用超临界机组技术、循环流化床等技术，都既是电力系统经济调度机制的要求，同时又产生较大的碳减排效应。

为在一定程度上弥补该机制个人理性和激励相容性的问题，在国内外电力监管实践中，都倾向于引入市场化改革，建立各种电力市场，采用相应竞价机制满足式（2–7）～式（2–10）激励性机制设计的要求。通过市场竞价使发电商的报价序列接近式（2–13）单位成本序列，并获得发电商的可用容量上限等真实信息，从而产生经济调度的资源优化配置效应和相应的碳减排效应。Perkins 研究也发现，鼓励独立发电商（IPPs）进入燃煤发电行业可以促进发展中国家在电力部门重组过程中降低碳排放强度。因此，建立电力市场，采取相应竞价机制，是促进电力系统经济调度，实现燃煤发电企业碳减排的重要举措。

目前电力市场并未把初始排放权作为有偿生产要素（国内外碳交易实践中，初始排放权主要采用免费分配），这直接削弱了碳减排效果。并且，即使在国外电力市场采用最多的统一价格拍卖下，发电商仍可能通过物理囤积或经济囤积行使市场力，以及通过公开或默契合谋谎报成本信息，抬高上网电价。从而使得目前电力市场化条件下的经济调度机制并不能完全满足式（2–7）～式（2–10）激励性机制的要求。它只是对没有制度补偿条件下的经济调度机制的改善，不能通过发电商竞价使报价序列与式（2–13）单位成本序列完全一致，并显示可用容量上限等真实信息，也就不能充分发挥资源优化配置效应和碳减排效应。在国外电力市场采用报价支付拍卖下，仍存在类似问题。由此可见，对电力市场条件下的经济调度机制施以必要激励规则和个人理性规则补偿，把碳排放权作为有偿生产要素纳入式（2–11）～式（2–13）经济调度机制，并配以相应监管措施，以满足式（2–7）～式（2–10）激励性机制的要求，显得尤为必要。

总量控制下的碳交易机制。碳排放权交易运用市场手段，为碳创造一个价格，实现最具成本优势的途径促进温室气体减排。目前欧盟碳交易，澳大利亚新南威尔士碳交易，英国碳交易，美国东北区域碳交易等总量控制下的碳交易机制，2013 年国家发展改革委《首批 10 个行业企业温室气体排放核算方法与报告指南（试行）》、北京等 8 个区域碳交易市场，以及 2021 年启动的发电行业全国统一碳市场都覆盖燃煤发电企业的碳排放。由第 4.1.1 节可知，总量控制下的碳交易机制在燃煤发电企业碳减排中扮演着重要角色。

基线与碳信贷机制。早期新南威尔士碳交易采取基线与碳信贷机制，该机制也把燃煤发电企业的碳排放纳入控制范围。由于基线确定存在较大不确定性，目前新南威尔士碳交易已转向总量控制下的碳交易机制。

Montgomery 针对环境公共品，引入可交易排放信贷。运用完全竞争市场排放许可证静态模型，Montgomery 研究显示，给定排放权上限，存在满足企业成本最小化的均衡解。Hepburn 等研究基于价格工具（如碳税）和基于数量工具（如排放权数量）的政策效果。他们的工作旨在管理碳排放权交易市场导致的减排风险，提高资源配置效率。研究表明，运用市场手段配置碳排放权资源具有较高效率。

税收机制。在丹麦等部分欧盟成员国，政府采取对碳排放企业征收碳税或嵌入税来促进燃煤发电企业的碳减排。前者直接对企业排放每吨碳当量征收从量税；后者要求电网运营商以最低价格优先调度可再生能源发电量，政府以嵌入税补贴。它们都体现政府为碳排放权创造一个价格，使其成为有偿生产要素。

加拿大建立的能源密集型企业终端排放者系统也体现政府运用税收机制使碳排放权成为有偿生产要素。Voorspools 等研究表明，碳税机制增加了燃煤电厂的成本，并以较大比例转嫁到终端用户。Shrestha 运用自下而上成本最小化的能源模型发现，泰国在 2013—2050 年如果运用碳税作为减排工具，则 70% 减排量来自燃煤发电企业。

为研究电力生产和减少碳排放问题，Fang 等分析了财政补贴、税收、行政性监管等政策工具对平衡电能消费和碳减排的效果。Khanna 等运用福利经济学研究印度贸易政策与碳减排的关系，认为该国经济改革政策能促进燃煤发电企业的碳减排，增加社会福利；进一步发现协调贸易政策与实施碳排放税能增强减排效果。

另外，税收机制影响不同排放强度的发电商在电力市场的竞争优势，在一定程度上可以促进燃煤发电企业的碳减排。

CDM 和 JI 机制。《京都议定书》建立三种国际合作减排机制：国际 ET、JI 机制和 CDM。CDM 允许附件 I 国家投资者投资于发展中国家减排项目来获取核证减排量。JI 机制允许附件 I 国家从其他工业化国家投资项目产生减排量获取减排单位（ERUs）。2012 年以前基于 JI 机制减排项目集中在东欧各国和俄罗斯，基于 CDM 减排项目集中在中国、印度和巴西。这些项目大多数涉及燃煤发电企业碳减排问题。欧盟碳交易进入第 3 阶段（2013—2020 年）后，排放权大量剩余，CDM 和 JI 机制的发展受到一定影响。

中国在碳减排机制设计方面，翟星等认为，完善电力市场机制，用市场手段实现温室气体减排要求下的资源最优配置，达到社会效益最大化，是未来电力市场发展方向。于天飞提出筹建基于配额交易的气候交易所，做好相关立法准备。通过建立碳排放权交易市场，推动碳排放处理规模化发展，实现环境容量资源的最优配置。通过完善立法工作，为市场配置碳排放权资源提供法律保障。制度创新和政策制定是驱动低碳发展的重要因素。我国于 2005 年 10 月通过《清洁发展机制项目运行管理办法》，2011 年 8 月国家发展改革委等四部委对该管理办法进行了修订。作为协调、规范碳排放活动的立法准则，它起到了不可替代的作用。在排放许可证制度和总量控制基础上建立气候交易所，符合我国市场经济发展要求。2011 年，国家发展改革委批准北京、天津、上海、重庆、湖北、广东、深圳 7 省（市）开展碳排放权交易试点，2017 年，福建省也加入试点地区。2012 年，国家发展改革委发布《温室气体自愿减排交易管理暂行办法》，实施核证自愿减排量（CCER）交易。国家发展改革委于 2014 年发布了《碳排放权交易管理暂行办法》，2017 年发布了《全国碳排放权交易市场建设方案（发电行业）》，推动建立全国碳排放权交易市场。生态环境部 2019 年公布《碳排放权交易管理暂行条例（征求意见稿）》，2020 年发布《2019—2020 年全国碳排放权交易配额总量设定与分配实施方案（发电行业）》。2021 年 7 月，发电行业全国统一碳交易市场正式启动，首批 2 225 家发电企业上线交易。

2008 年，安丽等在初始排放权免费分配下，分析基于历史排污法、更新排污法、历史产量法和更新产量法对水电、核电、煤电、气电构成的电源结构的影响。研究显示，四种情景都会给电力生产部门带来额外利润；但排放量为分配依据时燃煤电厂获利更大，发电量为依据时，气电获利更大。该研究结论对燃煤发电企业碳排放权初始分配具有参考价值。由于发电商排放量既受到排放强度影响，又受到发电量影响，因此，本书在设计碳减排市场组合时，把碳排放强度和发电量同时作为发电商在初始排放权市场决策的约束条件。

2.2.3 激励性机制设计理论在新市场组合中的应用

激励性机制设计理论在燃煤发电企业碳减排中已经产生了较好效果，由于它在燃煤发电企业的应用未完全满足式（2–7）～式（2–10）的设计要求，导致资源优化配置效应和碳减排效应没有充分发挥。

运用激励性机制设计理论，在电能与环境协调监管下，本书试图设计如下碳减排市场组合：①发电商通过初始排放权市场一级密封组合拍卖获取排放权生产要素。在考虑排放权二级市场、电力监管和环境监管信息、自身成本等确定和不确定因素下，发电商向环境监管者提交排放权最优需求函数。环境监管者运用临界价格区间（ECPR）精炼规则获得初始排放权市场精炼纳什均衡，实现排放权定价和初步配置。②发电商通过电力市场一级密封组合拍卖获取发电量。在考虑排放权二级市场、电力监管和环境监管信息、自身成本、初始排放权市场出清等变化了的确定和不确定因素下，发电商向电力监管者（电监会、电力交易机构、专职协调实体、电力库运营者、电力交易所等）提交发电量最优供给函数。电力监管者运用均衡向量空间（EVS）精炼规则获得电力市场精炼纳什均衡，实现电能定价和负荷有效配置，最终实现在保证国民经济电力的前提下，有效激励发电商减少碳排放。③在第二阶段，为追求期望利润最大化，发电商可考虑排放权使用取向——排放权二级市场交易。他们可向其他发电商出售排放权，但环境监管者将收取交易成本；也可向其他发电商购买或向环境监管者申购，但选择后者将承担由排放权价格、价格惩罚因子和二级市场交易成本率构成的最高价格。

新市场组合旨在产生以下政策效果：在电力监管者和环境监管者的协调下，通过电力市场引导，在初始排放权市场实现排放权初步有效配置；通过电力市场和排放权二级市场实现电能生产的优化配置，同时进一步优化排放权配置。使新市场组合把排放权作为有偿生产要素，满足式（2–7）~式（2–10）激励性机制设计的要求。促进发电商降低碳排放强度，内化减排成本，改善经营优势，在保证国民经济电力需求的前提下，有效减少碳排放。

为此，本书针对初始排放权市场，设计了总量控制下免费分配排放权检验模型。验证新市场组合，给定排放权供给量，初始排放权市场确保更多的上网电量；或者说，给定上网电量，能减少排放权的需求量。针对电力市场和排放权二级市场，设计了碳价转移检验模型。验证碳价转嫁被控制在合理水平，从而促进发电商内化碳减排成本，改善经营优势；同时给定上网电量，排放权的需求量低于其他分配方式。

2.3 组合拍卖理论及其在燃煤发电企业碳减排的应用

组合拍卖理论是新市场组合设计又一理论工具。新市场组合从两类市场的标的物角度来判别，属于相关异质物品序贯组合拍卖；从每阶段标的物角度来判别，属于相关同质物品同时组合拍卖。从投标语言表达角度来判别，前阶段采用原子投标；后阶段采用 OR 投标。这种组合拍卖可提高市场资源配置效率。首先，对组合拍卖理论进行梳理；其次，分析该理论在燃煤发电企业碳减排的应用情况；最后，对应用该理论设计新市场组合进行简要说明。

2.3.1 组合拍卖理论基础

拍卖是很古老的交易方式，公元前 5 000 年，古巴比伦奴隶市场就出现了拍卖。拍卖具有价格发现功能，现代艺术品买卖、公共基础设施建设招投标、政府采购、美国国债交易、频谱交易等大都采用拍卖的方式。

Frideman 给出一级密封拍卖最优竞价模型，这是拍卖理论较早的研究文献。Vickrey 提出二级密封拍卖，即把中标与支付确定环节分开，报价最高者中标，按次高报价结算。这相当于在社会福利分配中，把边际投标社会福利分配给该投标者。Vickrey 把博弈论引入拍卖问题研究，奠定了该理论的发展方向。

拍卖理论主要研究交易规则确定、利益主体决策行为及市场效率。它具有信息不对称的特征。早期拍卖理论针对单物品拍卖和独立私人价值模型。独立私人价值模型假设竞价者根据自身掌握的信息对拍卖品估价，不受他人估价的影响。由于拍卖品存在实际价值，竞价者会以此为基础，因此，估价存在共同因素。竞价者得知其他估价后，会调整自身估价。基于这种假设对拍卖理论的研究称为共同价值模型。竞价者估价时，可能既受私人信号影响，也受实际价值影响，并且竞价者之间信息传递会影响各自估价，即竞价者的估价是私人信号、实际价值、其他估价信号的多元函数。基于这种假设对拍卖理论的研究称为关联价值模型。

拍卖可按价格变化趋势、商品类型和数量、信息可获得性、拍卖阶段数量等标准进行分类。

按价格变化趋势，分为上行价格拍卖和下行价格拍卖。前者也称英式拍卖，竞价开始时，设定最低价，报价逐步上升，报价最高者中标。后者也称荷兰式拍卖，竞价开始时，设定最高价格，给定时间内价格自动降低，第一个出价者中标。英式拍卖适合于绝大多数商品，荷兰式拍卖适合于花卉、鱼等具有时间紧迫性特征的商品。在英式拍卖中，经常出现报价高于拍卖者期望价格的过度竞价行为。

按商品类型和数量，分为单物品拍卖和组合拍卖。在面对不确定性和信息非对称的复杂形势下，以及在某种商品的主产品市场、副产品市场、联产品市场和相关生产要素市场都采用拍卖时，组合拍卖的实用性更强。

组合拍卖中，投标语言表达有原子投标、OR 投标和 XOR 投标三种方式。前者是投标者以物品组合的一个数量—价格向量对参与投标申报；OR 投标是投标者以物品组合的多个数量—价格向量对参与投标申报，并允许多个向量对同时中标；后者与 OR 投标类似，只是投标者只允许最多一个向量对中标。显然，投标语言表达与投标者的期望收益最大化偏好密切相关。Blumrosen 等研究上行组合物品拍卖的内在局限性，发现只有非线性价格和个性化价格才能达到竞价者价值下的社会效率。

组合拍卖中，激励投标者显示其真实估价是一个重要的研究内容。组合拍卖中经常会面临门槛问题，即投标者各自选择物品组合中的某（几）个子集，他们对于各自选择的子集的估价之和超过其他投标者对于该物品组合的估价。

这样在组合拍卖中就面临着如何向竞标者提供适当的激励以使他们都报自己的真实估价的问题。对这个问题的研究主要集中在静态的一级密封组合拍卖、二级密封组合拍卖和动态的多轮拍卖、多阶段拍卖对投标者的激励方面。

组合拍卖中，中标决定是重要研究内容。对于有 N 件物品的组合拍卖，原子投标规模为2^N个组合，OR 和 XOR 投标规模为2^{2^N}个组合。在较大的投标规模中，拍卖者面临选择效用最大化的组合标的问题。加上拍卖者预先设定的保留估价，或拍卖者需要将全部物品售出等条件，该问题变得复杂化。通常，可通过建立整数线性规划或结合供求理论来解决。

在我国台湾地区的台北市，存在一种荷兰式鱼类拍卖，按鱼大小、类型进行组合，但保留价格和数量。Crawford 等研究该市场在对称、独立私人价值、效用函数以货币表示呈线性关系而以鱼重量表示呈严格凹函数条件下的组合拍卖和单物品拍卖。他们发现购买者价值为公开信息下，单物品拍卖、组合拍卖、英国式拍卖和荷兰式拍卖都满足收益等值原理；在私人价值条件下，销售商倾向于采用组合拍卖。

组合拍卖能较好地反映投标者的效用最大化偏好信息，适用范围较广。现代通信频谱拍卖、电子商务与云商务环境的 B2B 和 B2G 拍卖、交通运输服务等都倾向于采用组合拍卖来配置资源。

按信息可获得性，分为公开价格拍卖和密封价格拍卖。前者包括公开价格上行拍卖和公开价格下行拍卖；后者包括一级价格密封拍卖和二级价格密封拍卖，如维克里—克拉克—格文斯（VCG）拍卖。理论上已证明，四类拍卖都满足收益等值原理——共同价值条件下拍卖者期望收益相等。因此，每类拍卖都是有效的。VCG 拍卖可有效避免过度竞价导致赢者诅咒，但也存在收益减少导致拍卖者破产。Leufkens 等研究协同一系列拍卖目标时不同拍卖的效果发现：尽管 VCG 拍卖具有效率优势，但一级密封拍卖能较好克服拍卖者破产问题。Vickrey 分析同质物品多部制二级密封拍卖。各中标者支付按二级密封拍卖确定，市场出清价格为边际中标者紧后投标者报价。Vickrey 发现该拍卖需要假定参与者只购买一个单位的同质产品。因此，直接采用该拍卖方式组织电力市场竞价显得适用性不足。考虑电力系统稳定性和可靠性的技术经济特征，结合 Blumrosen 等的研究成果，本书在新市场组合设计时采用数量和价格都不确定的一级密封组合拍卖来组织初始排放权市场和电力市场的交易。

按拍卖阶段数量，分为单阶段拍卖和多阶段拍卖。Blume 等研究无限重复一级密封价格拍卖，每阶段竞价者只知道自己是否中标。该拍卖主要问题在于改善阶段数量。他们发现实质性完美贝叶斯均衡（EPBE）能体现序列理性，建立实质性完美贝叶斯均衡可减少竞价阶段。Haile 认为拍卖伴随二次交易时，竞价者的价值可由二次交易期望利润内生决定。两个市场间信息链接形成信号传递，多数情形下，能够阻止拍卖被分为多个阶段。基于这些研究成果，本书把排放权市场分为初始排放权市场和二级排放权市场，但只在前者采取一级密封价格和数量组合拍卖。

在电力市场中，拍卖还可分为卖出（offer）和买入（bid）两类。前者是发电商竞价增加发电出力或购电商竞价减少需求量；后者是发电商竞价减少发电出力或购电商竞价增加需求量。它们在 20 世纪 90 年代英国的电力库模式、目前英国电力交易和输电协议（BETTA）模式的短期平衡电力市场得到应用。

通常，拍卖中参与竞价企业的数量和竞价企业的规模会在很大程度上影响拍卖价格。Nelson 研究旧警车公开上行价格拍卖中购买者的规模对价格的影响。基于每场有 3 家最大规模购买商的 13 场共 340 辆旧警车拍卖的实证分析，他发现购买者的数量对价格形成的影响比单个购买者的规模更大。因此，本书在设计碳减排市场组合时，通过限制发电商的市场份额来增加中标发电商的数量。

2.3.2 组合拍卖理论在燃煤发电企业碳减排中的应用情况

组合拍卖理论在燃煤发电企业碳减排应用体现在：电力市场拍卖促进电力系统经济调度，产生间接减排效应；碳排放权交易市场采用拍卖配置排放权资源两方面。

Schweppe 等研究人员认为，在不考虑输电损失和阻塞情况下，电价在电力系统中任意节点都应相等，并且等于被运营调度发电商最高边际成本。简单的解释是，把发电商按边际成本排序，最后被调度的发电商的边际成本决定市场出清价格，以此向被调度发电商结算。该调度计划体现了式（2−11）～式（2−13）电力系统经济调度的要求，会带来间接碳减排效应。

但在经济人假设下，发电商不会主动向竞争对手和系统调度机构提供边际成本曲线，国内外燃煤发电企业的实践倾向于采用市场拍卖来获得发电商报价的排序关系。由于报价决策总会受单位发电量成本的影响，这种报价序列与边际成本序列有相似性。恰当的拍卖方式配以必要的规则约束，发电商的市场力被限制在合理范围，合谋机会减少，报价序列逼近边际成本序列，从而可以充分发挥电力系统经济调度的资源配置功能，形成间接碳减排效应。

在电力现货市场，统一价格拍卖和报价支付拍卖是两种常见的组合拍卖。前者的中标发电商按最后被选入调度序列发电商报价结算；后者的中标者按自身报价结算。选择哪种拍卖以及各自优缺点争论构成了 20 世纪末电力市场研究热点问题。Haghighat 等学者认为，报价支付拍卖短期可抑制市场力。该拍卖下，发电商缺乏动力把报价曲线抬高到系统边际成本之上，他们只是努力让报价曲线接近市场出清价格。Mount 研究表明，报价支付拍卖在决定电力现货市场价格方面比目前普遍采用的统一价格拍卖更具优势。该拍卖下，市场供给曲线更具弹性，能有效减少负荷预测误差导致的价格波动。Fabra 证实，报价支付拍卖另一优势在于默契合谋风险低于统一价格拍卖。但

Haghighat 等研究表明，报价支付拍卖下发电商会报出高于边际成本价格；然而，统一价格拍卖下发电商即使按边际成本报价仍能获得市场出清价格结算的利润。因此，后者可引导发电商显示真实成本信息。意大利在电力市场自由化改革中，独立电网运营商在确保网络系统安全与可靠性前提下，对发电公司提供非歧视输电准入服务。考虑输电潮流、装机容量及规制约束下，发电公司按区域电价结算，购电商按统一价格结算。Beraldi 运用非线性规划和 0–1 规划建立该拍卖的数学模型。数值分析表明，该拍卖对意大利电力市场适用性较好。

Vázquez 等认为，报价支付拍卖是无效率的，从长期角度分析可能滋生市场力问题。Wolfram 等学者的研究结论都支持统一价格拍卖具有公平性和效率性的观点。Oren 认为统一价格拍卖下发电商有动力显示真实成本信息，从而该拍卖是有效的，调度计划也富有效率。Wolfram 认为该拍卖方式下，中标者接受相同的市场出清价格，未中标者是因为不愿意等于或低于此报价，因而具有公平性。

统一价格拍卖潜在的问题是发电商有机会把报价抬高到系统边际成本之上。Bialek 认为，统一价格拍卖下，发电商公开合谋和默契合谋动机较大，基于此拍卖的电力库难以抑制发电商滥用市场力。2001 年，英格兰和威尔士电力市场实施新电力交易协定，通过引入远期电力市场来减少现货市场成交量，把现货市场的功能限制在满足剩余需求和电量实时平衡的范围，有效降低了发电商的市场力。

澳大利亚电力市场和新西兰电力市场采用多回合竞价，该拍卖允许发电商在每次迭代前更新报价曲线。Contreras 等研究显示，该拍卖有助于发电商实现成本最小化。Contreras 等以西班牙电力市场为例，研究单回合简单竞价（价格与数量不相关）、单回合复杂竞价（价格与数量相关）、多回合简单竞价三种拍卖方式对社会福利的影响，发现呈递增状态。

在批发电力市场和零售电力市场，存在双边组合拍卖（也称清算所双边拍卖）。发电商参与市场竞价获得发电量，配电公司等购电商参与市场竞价实现电能需求。根据结算价格，双边组合拍卖又分为统一价格双边组合拍卖和匹配支付双边组合拍卖。Nicolaisen 等研究匹配支付双边组合拍卖，发现它把发电商的市场力控制在合理范围，能改善市场分配效率。

显然，高效配置电力市场资源的拍卖方式，能通过经济调度带来更大的碳减排效应。

拍卖配置碳排放权是组合拍卖理论在燃煤发电企业碳减排应用的直接体现。初始排放权分配有免费分配、拍卖和标价出售三种基本方式。不同初始排放权分配会对发电商履行减排义务的成本产生不同影响。EU ETS 第一阶段（2005—2007 年），仅 5% 初始排放权采用拍卖配置；第二阶段（2008—2012 年），免费分配比例减少，至少 10% 采取拍卖分配；第三阶段（2013—2020 年）和第四阶段（2021—2030 年），至少 50% 采取拍卖分配。燃煤发电企业在第三、四阶段全部初始排放权实行有偿分配，因为欧盟碳交易实践表明，即使免费分配它们也能把碳减排成本及部分碳价转嫁到消费者身上。

澳大利亚碳减排计划要求初始排放权逐步由免费分配和固定价格向拍卖过渡。该计划中，20% 以上初始排放权采用免费分配，电力公司排放量约占 50%。2012 年新南威尔士州碳交易计划停止运营，在此基础上，2015 年澳大利亚全国碳排放权交易市场把 2012 年起实施的固定碳价交易方式改变为总量控制下的碳交易方式运营。同年，澳大利亚碳排放权交易市场与 EU ETS 建立单向链接，2018 年建立双向链接，互相认可碳排放配额。这表明，澳大利亚燃煤发电企业的碳排放权配置将以更快步伐向拍卖转变。这与 EU ETS 政策导向是一致的。

在美国，基于负荷的总量控制下贸易模式（LB）和基于排放源的总量控制下贸易模式（SB）是运用市场手段促进燃煤发电企业碳减排的两种主要模式。对初始排放权分配问题，Burtraw 等研究表明，无论是 SB 模式还是 LB 模式，拍卖都可以避免发电商从排放权市场交易中获取暴利。目前美国还未建立全国统一碳市场，区域碳交易市场有芝加哥气候交易所（2003—2009 年）、西部气候行动倡议（WCI）、北美温室气体贸易协定（RGGI）等。WCI 和 RGGI 目前仍在运行，前者的排放权配额由各州具体规定采用拍卖或免费配置，后者的排放权配额主要采用拍卖方式配置。

从国外发展趋势分析，伴随碳排放权交易市场的日渐成熟，拍卖能发挥市场的资源优化配置功能。

2.3.3　组合拍卖理论在新市场组合中的应用

从前面分析可知，组合拍卖理论在电力市场已得到应用。拍卖促使发电商报价序列接近式（2–13）真实成本序列，能推动电力系统经济调度，促进电力市场的资源优化配置，带来间接碳减排效应。同时，组合拍卖也被应用到 EU ETS 等碳排放权交易市场实践，成为未来市场资源配置的趋势。

煤电行业碳减排市场组合涉及独立私人价值模型的一级密封组合拍卖。具体来说，新市场组合采用数量和价格都不确定的动态一级密封组合拍卖，每阶段拍卖采用统一价格支付。

从文献资料可知，维克里拍卖较一级密封拍卖更具效率，但容易导致赢者诅咒，不利于电力系统的稳定和激励发电商在保证国民经济电力的前提下有效减少碳排放。国内外电力市场也大多采用一级密封拍卖来组织竞价。在信息不对称条件下，以价格和数量两个决策变量参与申报，能够给发电商较大的决策空间以应对不确定性。从微观经济学角度，产品市场引导要素市场，要素市场服务于产品市场。发电商在两类市场的拍卖决策存在动态联系，采用一级密封组合拍卖可发挥市场配置资源的优势。采用报价与结算无关的统一价格，可以克服发电商合谋以及经济囤积行使市场力，有利于资源优化配置。

2.4 供给函数均衡理论及其在燃煤发电企业碳减排的应用

供给函数均衡理论是在古诺模型和伯川德模型基础上发展起来研究寡头市场的理论工具。该理论能反映决策的不确定性，给决策者更多决策空间，在电力市场有较好的应用前景。煤电行业碳减排市场组合在电力市场和初始排放权市场需要发电商申报最优供给（需求）函数，运用精炼规则形成精炼纳什均衡。首先，对供给函数均衡理论进行梳理；其次，分析该理论在燃煤发电企业碳减排中的应用情况；最后，对应用该理论设计新市场组合进行简要说明。

2.4.1 供给函数均衡理论基础

在微观经济学中，古诺模型和伯川德模型常用于分析寡头市场结构。前者适于矿山开采、钢铁等改变产能比改变定价困难的行业，要求企业选择商品数量作为战略性竞争变量；后者适于航空运输、超市等改变产能比改变定价容易的行业（如通过改变航线之间的调度来实现特定航线产能的改变，通过调整采购计划来改变超市供给能力），要求企业选择价格作为战略性竞争变量。电力生产类似于古诺模型的行业特征，因此，该模型常用于研究批发电力市场，如电力市场中统一价格支付拍卖和报价支付拍卖都是古诺模型的运用。

但是，在拥有一系列不确定因素的电力市场中，为实现利润最大化，发电商可能不只想报一个价格点或数量点参与拍卖。这样简化模型不能抓住不确定性本质，并且较大程度上限制了发电商的决策空间。Wilson 定义股票市场博弈的一个概念——需求函数均衡，竞价者向拍卖者提交不同价格的需求量（即需求函数），拍卖者根据需求函数决定市场出清价格，将供给量在他们之间进行分配。这种拍卖给竞价者较大的决策空间。接下来，Grossman 提出，企业与消费者签订合同，规定随市场价格变化，供给量相应变化的供给函数。这项工作和 Hart 的研究定义了确定条件下供给函数均衡（SFE）概念相一致。

按 Klemperer 等的观点，确定条件下供给函数均衡存在许多纳什均衡，可能削弱企业运用供给函数参与市场竞争的动力。为克服这方面的不足，使理论模型适应实践需要，Klemperer 等的定义不确定条件下寡头市场的供给函数均衡。研究表明，在均衡状态下，企业选择供给函数越陡峭，市场竞争越接近古诺模型；反之，市场竞争越接近伯川德模型（古诺模型以固定数量为决策结果，供给函数完全无弹性；伯川德模型以固定价格为决策结果，供给函数完全富于弹性）。

在统一价格拍卖和报价支付拍卖，以及在 Nicolaisen 等双边组合拍卖中，竞价者只需向拍卖者递交一个价格点或价格—数量向量对。电力市场遇到负荷扰动时，上述拍卖的缺点就凸显出来。Klemperer 和 Meyer 的供给函数均衡模型要求发电商向拍卖者递交供给函数，给发电商更大的决策空间。实践中，英格兰和威尔士日前电力市场允许每台机组按最多三段递增发电量提交报价曲线。这表明，在每回合拍卖中，发电商提交的是供给函数而非价格—数量向量对。Green 等首次运用供给函数均衡模型研究了英格兰和威尔士批发电力市场的竞争情况。

供给函数均衡模型理论上存在多重均衡和计算复杂两个问题，影响模型在实践中的运用。Holmberg 发现对称发电商、需求完全无弹性、价格上限监管、容量约束 4 个特征的批发电力市场，存在唯一对称供给函数均衡。Anderson 等研究了存在套期保值合同、容量约束、价格上限监管、对称发电商的批发电力市场的供给函数均衡。Rudkevich 放松连续函数假设发展了供给函数均衡模型，提出有效求解均衡的算法。Bompard 等提出新算法求解电网技术约束下批发电力市场线性供给函数均衡。该算法可理解为不断改变截距，优化供给函数均衡斜率。

由于复杂性，供给函数均衡模型在处理非对称发电商时存在困难。Genc 等研究了发电商拥有相同线性成本函数，容量不同这种最简单非对称情形下的供给函数均衡问题。Holmberg 认为发电商的供给函数是线性函数这类非对称情形下均衡相对容易求解。这类供给函数均衡往往出现在发电商成本是二次函数，需求是线性函数之中。即使在这些条件下，仍存在非线性解，增加了获得解析解的难度。Baldick 等引入分段线性供给函数均衡来处理非线性边际成本函数和非线性需求函数。这种方法可估计非线性函数下的供给函数均衡，但求解较复杂。Anderson 等研究成本函数和容量都不同的非对称发电商供给函数均衡发现，最多一个均衡满足需求量达到峰荷水平，除一个发电商以外其他均处于容量约束状态。

Gao 等发现，大多数供给函数均衡研究集中在单阶段、单一市场模型，没有考虑发电商同时在电力市场和燃料市场拥有资产组合这种现实情况。他们提出适用于多阶段的适当供给函数均衡。借鉴这种思路，新市场组合把发电商竞价决策分为两个阶段——首先通过初始排放权市场组合拍卖获取必要的排放权，其次通过批发电力市场组合拍卖竞得发电量。由于供给函数均衡模型的复杂性，目前这方面研究主要局限于线性供给函数和对称发电商情形。

Willerms 等运用德国批发电力市场的数据，研究古诺模型和供给函数均衡。认为古诺模型适于日前电力现货市场等短期分析，因为它可容纳附加市场约束等因素；供给函数均衡模型适于年发电量计划和并购等长期分析，因为它对校正参数不敏感。

张晓东等建立日前现货电力市场的供给函数均衡模型，给出模型的正规化方法。该方法可分析线性成本函数和供给函数条件下的市场均衡。胡福年等利用供给函数模型模拟发电商的策略行为。发现均衡电价大于每个发电商的边际成本，即发电商都实施了市场力。杜立民等对批发电力市场竞争进行回顾后指出，供给函数均衡与一级价格密封拍卖是两种主要模型，两者在该市场的运用都证明存在市场力的问题。

2.4.2　供给函数均衡理论在燃煤发电企业碳减排中的应用情况

理论上，供给函数均衡理论可应用于两类市场促进燃煤发电企业碳减排：电力产品市场（包括电能和功率等主产品、热电联产中供热等联产品以及粉煤灰等副产品）应用供给函数均衡模型优化“生产什么”和“为谁生产”的问题；电力要素市场（包括电煤、碳排放权、人力资本、发电设施等）应用该模型优化“如何生产”问题，实现要素资源优化配置。这两类市场的资源优化配置可以直接减少碳排放；实现经济调度，可以产生间接减排效应。

实践中，供给函数均衡模型主要运用于英格兰和威尔士日前现货电力市场等少数国家或地区的短期市场，在更具优势的中长期电力市场还没有涉及。Newbery 分析双寡头电力市场均衡发现，供给函数由富于弹性变为缺乏弹性时，高峰和低谷时段对社会福利的影响不同：高峰时段，价格上升；低谷时段，价格下降。

2012 年以前，碳交易市场主要采取免费分配初始排放权。目前欧盟碳交易市场、澳大利亚碳交易市场、美国东北区域碳减排协议（RGGI）等国外碳排放权交易市场的初始排放权主要采用拍卖分配。国内 2021 年上线交易的发电行业全国统一碳市场采用免费分配初始排放权。由于模型的复杂性和求解困难等原因，供给函数均衡模型在碳排放权交易市场的应用还停留在理论研究阶段。

在排放权市场中，初始排放权分配是控制排放总量和激励发电商投资减排项目的关键环节。免费和国家分配方案（NAP）在实现这两个目标时存在一些问题。Klepper 等基于 EU ETS 国家分配方案预测碳价发现，免费分配排放权或监管措施不协调情形下，发电商可能获取暴利或把减排成本转嫁给消费者，降低排放权市场和电力市场的资源配置效率。Sijm 等运用古诺竞争和猜测供给函数研究 EU ETS 对电价的影响发现，即使在市场力较低的完全竞争状态下，碳价向电价转移比例和绝对量都将增加。Sijm 等对引入 EU ETS 后发电商的获利能力变化的实证研究很好地支撑了这一观点。Weigt 等研究发现，2002—2006 年德国批发电力市场电价上涨了一倍。他们建立竞争性基准供给函数均衡模型来解释这个现象。该模型考虑了机组技术特征、燃料价格、碳排放权价格以及开机条件等因素。结果表明，模型观测的碳价大部分转嫁到了电价之中，碳排放权交易导致德国批发电力市场的电价远高于竞争性水平。

区域温室气体减排倡议（RGGI）是美国东北 10 个州在州层面上控制温室气体排放的计划。它采用区域覆盖（总量控制）下的贸易机制，导致碳排放的溢出问题。Chan 运用输电网络技术约束下电力市场线性供给函数模型研究碳排放的溢出效应，发现其与高碳排放价格有关，碳排放需求价格弹性增大会减轻该效应。

Bompard 等建立线性供给函数均衡模型模拟碳排放总量约束下，发电商在批发电力市场的决策行为。Soleymani 等运用供给函数均衡模型模拟排放权约束下电力市场的竞价策略，发电商不断改变竞价策略，直到出现纳什均衡。运用线性供给函数，Abadie 等发现排放权定价和激励燃煤电厂采取碳捕集与封存技术有很强相关性。Betz 等运用供给函数均衡理论发现，不同初始排放权分配对发电商减排的成本影响不同，进而影响电力市场的决策行为。Chappin 等运用占优企业供给函数均衡模型研究表明，碳价对电力市场结构有明显作用。Meyer 运用线性供给函数发现，碳价和可交易绿色证书（TGCs）价格波动大，不利于激励发电商对碳减排进行投资。Seifert 等运用供给函数均衡理论，建立随机均衡模型模拟 EU ETS 现货市场价格波动，发现不同季节模式对发电商实施碳减排的要求存在差异。

Kockar 等运用线性供给函数研究排放权约束和排放权交易对发电调度计划的影响，认为发电商决定发电量时会考虑排放权的使用取向。基于供给函数均衡理论，Lin 等针对城市能源系统和碳管理开发了一个离散时间参数的两阶段随机能源系统规划模型。在线性供给函数假设下，Catalão 等提出排放权总量约束下，基于利润单位承诺（PBUC）优化排放权交易，实现发电商的利润最大化。

Pettersson 建立容纳负荷平衡、装机容量、碳排放总量、燃料耗量、资金时间价值、技术进步的线性规划模型，预测 2020 年东欧各国的碳排放价格和激励可再生能源发电政策的效果。Kockar 等研究碳排放权交易市场对发电商的成本和电力市场竞争力的影响，建立了调度系统在该市场的成本最小化模型。该模型考虑了负荷平衡、机组功率约束、燃料耗量特性、排放总量因素，发现 EU ETS 能增强低排放率发电商的市场竞争力。

除以上研究内容应用供给函数均衡模型以外，科技文献中其他研究内容也涉及该模型，如均衡特征与求解、现有排放权市场的实证研究，以及不确定性和风险管理等。

2.4.3　供给函数均衡理论在新市场组合的应用

供给函数均衡理论允许发电商以供给函数均衡参与竞争，给决策者更多的决策空间以应对不确定性。供给函数均衡理论和拍卖理论结合，在不同电力市场采用相应的拍卖方式，发电商以最优供给函数参与拍卖，促进报价序列与式（2–13）成本序列一致，申报发电量满足式（2–12）要求。弥补了目前电力市场条件下，经济调度机制的个人理性规则集和激励相容性规则集式（2–7）的缺失，有利于实现资源优化配置，带来间接碳减排效应。

煤电行业碳减排市场组合是在数量和价格都不确定下的两个阶段，把组合拍卖和供给函数均衡两个模型组合。给发电商以自由应对信息非对称和不确定性的复杂形势下的市场竞争，可以实现保证国民经济电力的前提下有效减少碳排放量。

具体来看，为获得碳排放权，在初始排放权市场一级密封数量和价格组合拍卖中，面对信息非对称、电价和发电运行功率的不确定性，发电商的最优决策是向环境监管者提交完全无弹性价格线段；环境监管者汇总后得到市场需求曲线；结合市场供给函数，运用临界价格区间（ECPR）规则得到精炼纳什均衡，实现碳排放权的定价以及有效配置。

为获得发电量，在批发电力市场的一级密封数量和价格组合的拍卖中，面对非对称信息、排放权二级市场交易和发电运行功率的不确定性，发电商最优决策是向电力监管者提交最多 3 段数量和价格样条函数。电力监管者汇总后得到市场供给样条函数；结合市场需求函数，运用均衡向量空间（EVS）规则得到精炼纳什均衡，实现电能定价、负荷和碳排放权的有效配置。

第 3 章　电能与环境协调发展实证研究

在碳减排市场设计理论梳理后，本章对电能与环境协调发展进行实证研究。首先评价西部地区电能与环境系统的生产优化、技术进步和关联度。在此基础上，结合电力监管发展历程界定煤电行业碳减排市场组合概念。本章内容主要由任玉珑、傅世均和刘黄欢发表的论文《西部地区火电 − SO_2 减排中的生产优化及关联度实证分析》整理得到。

3.1　电能与环境协调发展中生产优化、技术进步和关联度实证研究

本节运用非线性规划建立西部地区电能与环境协调发展的生产优化模型，研究西部地区煤电与 SO_2 减排系统的最优生产问题，测定了 1995—2005 年两个子系统各自投入要素与最优投入要素组合的偏差。进一步研究考察区间各自的要素产出弹性与两个子系统的技术进步率，给出两个子系统的关联度及其变化趋势。

3.1.1　引言

电力工业作为国民经济的基础产业，在为经济社会发展作出巨大贡献的

同时又对环境造成了较大的负外部性。我国在电能生产中，火电占我国总发电量的 3/4 以上（2004 年全国火电发电量占全口径发电量的 82.54%），在火电中又以燃煤发电为主。按地区划分，2004 年全国有 16.17% 的煤电生产集中在西部地区，伴随产业分工的深化，西部地区作为能源供应地的优势日渐明显。因此，研究西部地区电能与环境保护在协调发展中的最优性，对政府合理配置资源具有重要意义。

在能源技术经济中对燃煤发电与环境保护的研究引起了不少国内外学者的关注。Edwin 运用资本、劳动与能源作为投入要素的嵌套不变替代弹性（CES）生产函数来评估气候政策，发现资本与劳动合并作为一个投入要素，能源作为另一个投入要素的嵌套方式，对多数 OECD 国家适应性较好。Hengyun 等建立以资本、劳动、能源为投入要素的生产函数，测定了中国能源价格弹性与替代弹性。Richard 等发现开发低碳技术可以大幅减少向低碳经济转型的成本，燃煤发电企业采用低碳燃烧技术能以合理的成本大幅减少经济体系中其他行业的减排量。Mehmet 等研究人员分别建立排污的随机多目标非线性规划来优化企业的生产与治污投资决策以及混合整数规划模型来优化多工厂的生产任务分配与运输计划。Chappin 等分别研究了碳排放权交易（CET）对电源结构的影响、燃煤电厂的 CO_2 减排定价与激励企业采取碳捕集与封存（CCS）技术的关系、能源税与白色证书（WhC）对竞争性电力市场的影响。学者们为研究西部地区电能与环境的协调发展提供了良好的思路。

3.1.2 模型建立

3.1.2.1 生产优化模型

本节在 Edwin 等提出的嵌套 CES 生产模型的基础上，结合柯布－道格拉斯生产函数建立煤电生产与 SO_2 减排的最优生产模型。

模型假设：

(1) 考察区间历年各要素的产出弹性均大于 0

(2) 各类产出的投入要素类型相同

(3) 系统的目标在于追求既定约束下，产出最优化

基于以上假设，西部地区煤电生产与 SO_2 减排的生产最优化问题可用如下非线性规划模型来刻画：

$$\max Q = A\cdot\prod_{i=1}^{q} x_i^{\alpha_i} \tag{3-1}$$

$$Subject\quad to \tag{3-2}$$

$$\begin{cases} h = I_1^T\cdot(P.X)\cdot I_1 - C = 0 \\ G = X\cdot I_1 \geqslant O \end{cases} \tag{3-3}$$

式中，Q 为 $R_+^q \to R_+$上的连续可微函数，$\alpha = \begin{bmatrix} \alpha_1 & & \\ & \ddots & \\ & & \alpha_q \end{bmatrix}$；$\alpha\cdot I_1 > O$；

$X = \begin{pmatrix} x_1 & & \\ & \ddots & \\ & & x_q \end{pmatrix}$ 表示 q 种投入要素；

$P = \begin{pmatrix} p_1 & & \\ & \ddots & \\ & & p_q \end{pmatrix}$ 表示各种投入要素的价格水平；

C 为投入总成本，A 为技术进步因子，$I_1=[1, \cdots, 1]^T$ 是分量为 1 的 q 维向量。式（3–1）是 q 种投入要素构成的生产函数，式（3–2）是资金预算约束。

令 $Q^1 = -Q$，则$\min Q^1$和 $\max Q$同解。显然梯度向量 ∇h 与∇G 线性无关，对上述模型运用$K-T$条件得

$$\max Q = A\cdot\prod_{i=1}^{q} x_i^{\alpha_i} \tag{3-4}$$

$$Subject \quad to \tag{3-5}$$

$$\begin{cases} h = I_1^T\cdot(P\cdot X)\cdot I_1 - C = 0 & (3-6) \\ G = X\cdot I_1 \geqslant O & (3-7) \end{cases}$$

式中，$\nabla Q^1 = -Q\cdot\left(\alpha_1\cdot x_1^{-1} \cdots \alpha_q\cdot x_q^{-1}\right)^T$；$\nabla G = I_2$为向量函数 G 的 *Jacobi* 矩阵；I_2 为 q 阶单位矩阵；$\nabla h = P\cdot I_1$；$\mu = \left(\mu_1 \cdots \mu_q\right)^T$与$\gamma$为广义 *Lagrange* 乘子向量，O 为 q 维 0 向量。

由于 $Q: R_+^q \to R_+$，故上述方程组有唯一显式解：

$$X^* = C\cdot(I_1^T\cdot\alpha\cdot I_1)^{-1}\cdot P^{-1}\cdot\alpha\cdot I_1 \tag{3-8}$$

式（3–8）表明，生产的最优要素投入组合只与要素产出弹性、要素价格、总成本相关。

3.1.2.2 行业技术进步的测定

技术进步通常用索洛（Solow）余量模型来度量，在式（3–1）的 Cobb–Douglas 生产函数中将 A 也视为变量，则有

$$\mathrm{d}Q = \left(\mathrm{d}A, \mathrm{d}x_1, \cdots, \mathrm{d}x_q\right)\cdot(\nabla Q) \tag{3-9}$$

式中，$\nabla Q = (\prod_{i=1}^{q} x_i^{\alpha_i})\cdot\left(1, A\cdot\alpha\cdot X^{-1}\cdot I_1\right)^T$；于是，$Q^{-1}\cdot\mathrm{d}Q = \left(\mathrm{d}A, \mathrm{d}x_1, \cdots, \mathrm{d}x_q\right)\cdot\left(A^{-1}, \alpha\cdot X^{-1}\cdot I_1\right)^T$

对函数进行离散化处理，有

$$\Delta A\cdot A^{-1} = \Delta Q\cdot Q^{-1} - \left(\Delta x_1, \Delta x_2, \cdots, \Delta x_q\right)\cdot X^{-1}\cdot\alpha\cdot I_1 \tag{3-10}$$

式（3–10）即可测定多投入 – 产出系统的技术进步率。

由于 Solow 余量模型假定了市场结构为完全竞争市场，离散化处理得到的式（3–10）放松了该条件对模型的限制。因此，可以认为它是 Solow 余量模型在 Cobb–Douglas 生产函数下的扩展与运用。

3.1.2.3　系统中关联度的测定

关联度是灰色系统理论提出的一种分析系统中各要素关联程度的量化技术方法。第 t 年包括技术进步因子在内的各投入要素（$y_i^{(t)}$）与产出（$Q^{(t)}$）的关联度（$\gamma_i^{(t)}$）可用下式求解：

$$\gamma_i^{(t)}=\frac{\min_i\min_t\left|y_i^{(t)}-Q^{(t)}\right|+\rho.\max_i\max_t\left|y_i^{(t)}-Q^{(t)}\right|}{\left|y_i^{(t)}-Q^{(t)}\right|+\rho.\max\limits_i\max\limits_t\left|y_i^{(t)}-Q^{(t)}\right|} \tag{3-11}$$

式中，$0<\rho<1$为分辨系数，一般取值 0.5。

在测定煤电生产子系统与二氧化硫减排子系统关联度时，需要先对各子系统要素进行主成分分析，然后将符合精度要求的主成分之和代入式（3−11）测定其关联度。

3.1.3　实证研究

3.1.3.1　数据收集

煤电生产与二氧化硫减排的投入要素主要包括资本、劳动、土地、企业家才能、技术、电煤。为把握研究西部地区电能与环境协调发展的主要矛盾，结合 Edwin 提出的嵌套模型，本节暂不考虑企业家才能与土地（租金），同时将微观经济学中的劳动、资本（扣除作为主要原料投入的电煤）要素合并为模型中的资本，将电煤作为一次能源要素投入，从而以资本与电煤作为煤电生产的两个投入要素。将在煤电产生的二氧化硫减排的投入要素也作相同处理。煤电生产子系统的正产出包括装机容量、发电量、粉煤灰等联产品与副产品，本书将其界定为火力发电量。燃煤发电对环境的负外部性包括二氧化硫、CO_2、NO_x、烟尘、粉尘、固体废物、噪声、水污染等。本书将其限定为二氧化硫对大气的污染，因而环境子系统的正产出为燃煤发电企业的二氧化硫减排量。

煤电生产减排的 SO_2 包括在燃烧前通过洗煤等技术脱硫处理、炉内燃烧中处理和排放后通过硫沉降塔专门处理 3 部分。目前炉内处理主要使用成本较低的碳酸钙，而脱硫成本较高的洗煤技术目前在西部煤电生产中使用较少。这使得本节建立的西部地区煤电产生的 SO_2 减排的生产函数能够较好地刻画其投入与产出情况。

项目收集了 1995—2005 年西部 12 省（区、市）（新疆、内蒙古、重庆、宁夏、青海、四川、广西、甘肃、西藏、云南、陕西、贵州）各自历年的火力发电量、电煤用量、煤电投入资本、煤电生产排放的 SO_2 减排量、SO_2 减排的投入资本、SO_2 处理的耗煤量、电煤价格、金融机构一年期贷款利率（源于中国人民银行网站，当年若有调息则按各档利率在当年执行月份加权平均得到）等数据。具体情况见表 3–1 和表 3–2。电煤价格和金融机构一年期贷款利率均以 1995 年数据为基准进行指数化处理。运用 3.1.2 节的模型建立，对西部地区在电能与环境协调发展系统的生产最优性、技术进步，以及两个子系统的关联度进行实证研究。

表 3–1　西部地区 1995—2005 年电能与环境协调发展系统的投入情况

年份	火力发电投入资金 /10^6 元	SO_2 处理投入资金 /10^6 元	SO_2 处理耗用煤炭量 / 万 t	煤电生产耗用煤炭量 / 万 t
1995	85 719	10 286.28	3 761.24	57 865.26
1996	130 280.7	15 633.68	4 177.52	64 269.58
1997	102 085.2	12 250.22	4 398.23	67 665.08
1998	112 777.2	13 533.26	5 770.48	67 887.97
1999	120 308.4	14 437.01	6 597.21	69 444.34
2000	126 701.4	15 204.17	7 696.31	76 963.13
2001	135 864	16 303.68	10 382	80 765.62

续表

年份	火力发电投入资金 /10^6 元	SO_2 处理投入资金 /10^6 元	SO_2 处理耗用煤炭量 / 万 t	煤电生产耗用煤炭量 / 万 t
2002	142 344.3	17 081.32	11 803.2	98 671.88
2003	145 461	17 455.32	10 779.75	105 175.4
2004	148 394.1	17 807.29	18 028.8	109 388
2005	146 444.2	17 573.3	19 633.37	115 490.4

数据来源：历年《中国电力统计年鉴》、历年全国及西部各省（区、市）《环境统计公报》，略有调整。重庆市 1995—1996 年数据包含于四川省该年份数据中。

表 3–2　西部地区 1995—2005 年电能与环境协调发展系统的产出情况

年 份	火力发电量 / 亿 kW • h	二氧化硫去除量 / t
1995	1 448.87	1 819 443
1996	1 602.79	2 729 164
1997	1 696.19	4 093 746
1998	1 700.76	6 140 619
1999	1 766.85	9 210 929
2000	2 002.1	1 842 186
2001	2 152.64	2 579 060
2002	2 678.07	2 646 445
2003	2 817.02	3 447 523
2004	2 927.03	4 248 600
2005	3 014.04	5 310 750

数据来源：历年《中国电力统计年鉴》、历年全国及西部各省（区、市）《环境统计公报》，略有调整。重庆市 1995—1996 年数据包含于四川省该年份数据中。

3.1.3.2 电能与环境协调发展的投入要素偏差

本节运用 SPSS 进行数据处理。在原始数据下观测投入、产出散点图，无论是燃煤发电子系统还是 SO_2 减排子系统，均很好地满足了模型假设对生产函数的约束条件。由于函数离散化后的数据处理涉及时点数据与区间数据的转换，本节采用相邻两点数据算出平均值来获得区间数据。

表 3–3 给出了考察区间煤电生产子系统的资本产出弹性（$\alpha_1^{(t)}$）与电煤产出弹性（$\beta_1^{(t)}$）、环境子系统的资本产出弹性（$\alpha_2^{(t)}$）与电煤产出弹性（$\beta_2^{(t)}$）。

表 3–3 考察区间西部地区电能与环境协调发展系统的产出弹性

日期	$\alpha_1^{(t)}$	$\beta_1^{(t)}$	$\alpha_2^{(t)}$	$\beta_2^{(t)}$
1996.6	0.24448	0.96189	0.96944	3.81414
1997.6	0.03332	1.10008	0.00125	7.77115
1998.6	0.02704	0.81817	4.01912	1.48205
1999.6	0.58987	1.68177	6.18987	2.99194
2000.6	2.41172	1.21544	12.87918	4.33491
2001.6	1.03828	1.50292	4.77604	1.12189
2002.6	4.66959	1.08996	0.55362	0.2013
2003.6	2.335	0.79258	12.13887	0.00206
2004.6	1.91876	0.97548	10.42819	0.41366
2005.6	0.00056	0.5397	0.00002	2.60798

图 3–1 与图 3–2 分别给出考察区间西部地区煤电生产以及煤电生产中 SO_2 减排子系统中各自的资本投入要素和能源投入要素与最优投入的偏差。

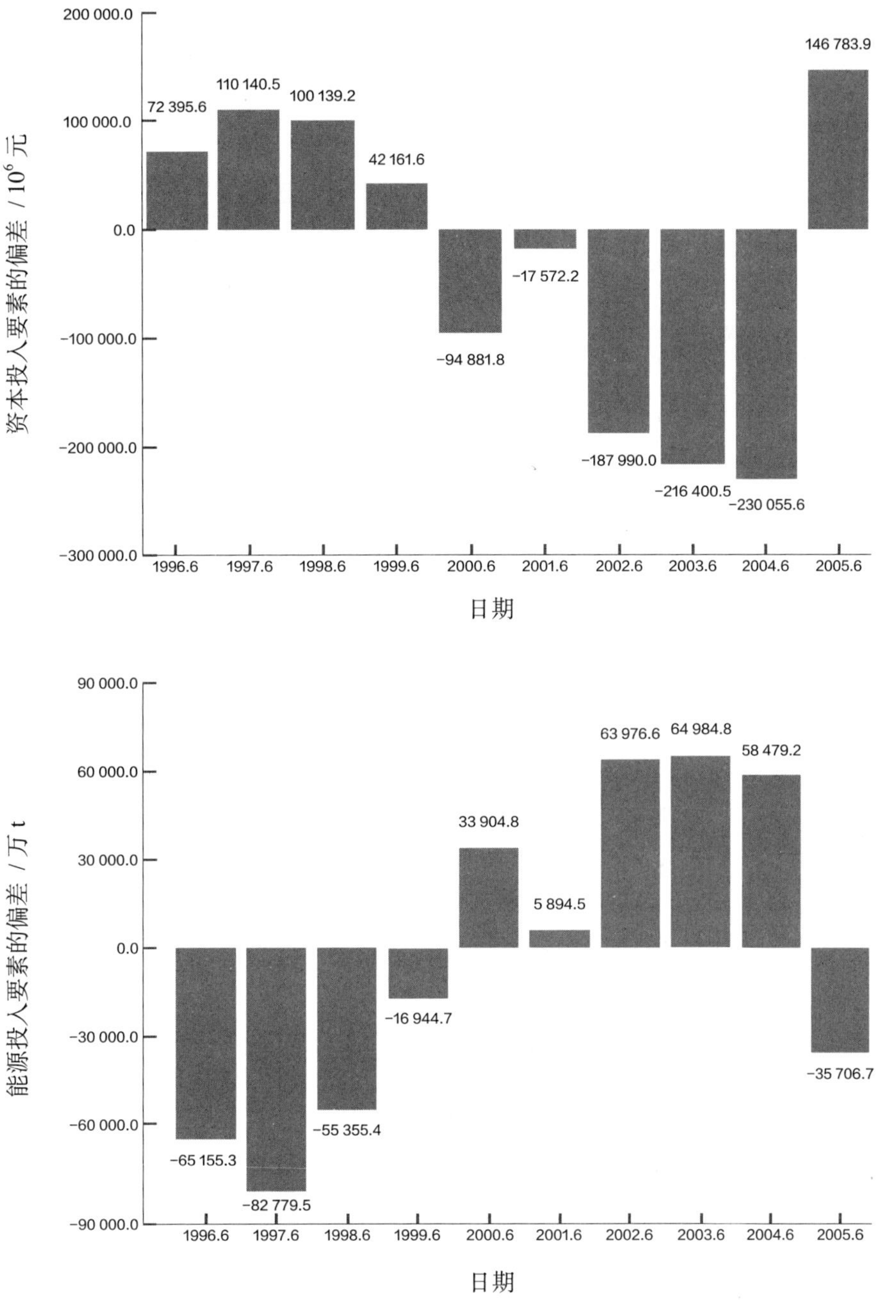

图 3-1　西部地区煤电生产中资本投入要素（上）和能源投入要素（下）与最优投入的偏差

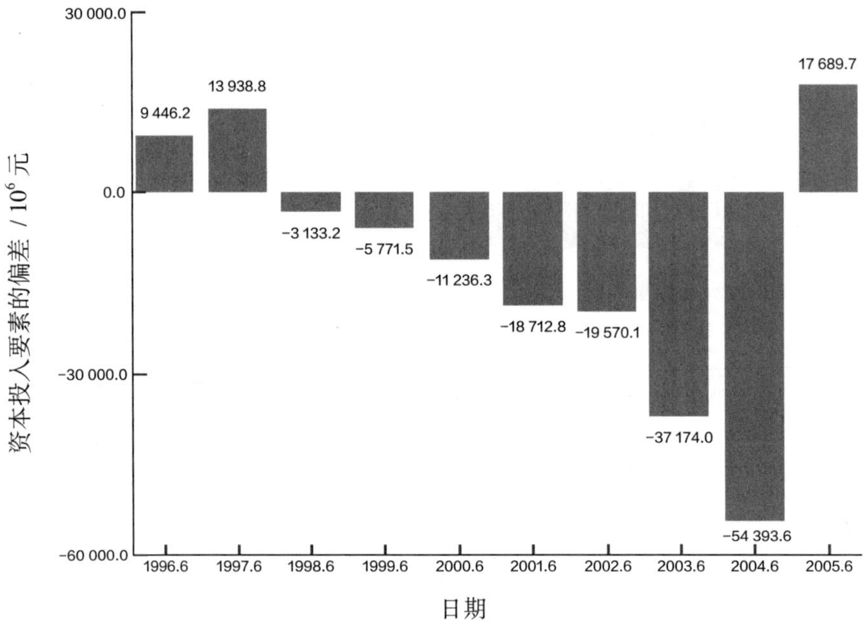

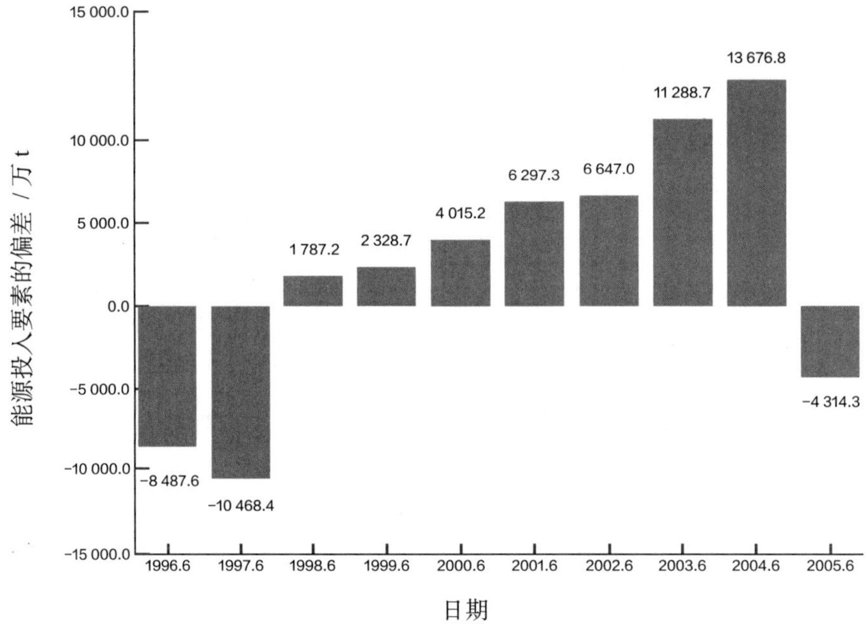

图 3-2　西部地区煤电生产中 SO_2 减排的资本投入要素（上）和能源投入要素（下）与最优投入的偏差

结果表明，1995 年年末至 1999 年年末，西部地区煤电生产中能源（电煤）投入不足，资本要素投入过量，前者的边际产出高于后者；1999 年年末至 2004 年年末恰好相反。1995 年年末至 1997 年年末，西部地区煤电生产中 SO_2 减排的能源（电煤）投入不足，资本要素投入过量，前者的边际产出高于后者；1997 年年末至 2004 年年末恰好相反。2005 年两个子系统均恢复到各自前阶段的非最优要素投入状态。这与 20 世纪 90 年代后期西部地区电力企业加大燃煤发电的投资力度，增加装机容量，而 2000 年以后的几年中出现较为严重的电力短缺的现实有较高吻合度。进一步研究发现，两个子系统中各投入要素历年偏离最优投入的状态与相应的产出弹性变化存在一致性（2000 年年末至 2001 年年末的煤电生产略有例外）。

3.1.3.3　电能与环境协调发展的技术进步率

为保证对燃煤发电与 SO_2 减排技术进步测定的准确性，本节仍以原始数据代入式（3–10）进行处理。图 3–3 给出了考察区间西部地区历年煤电生产与 SO_2 减排的技术进步率及其变化趋势。

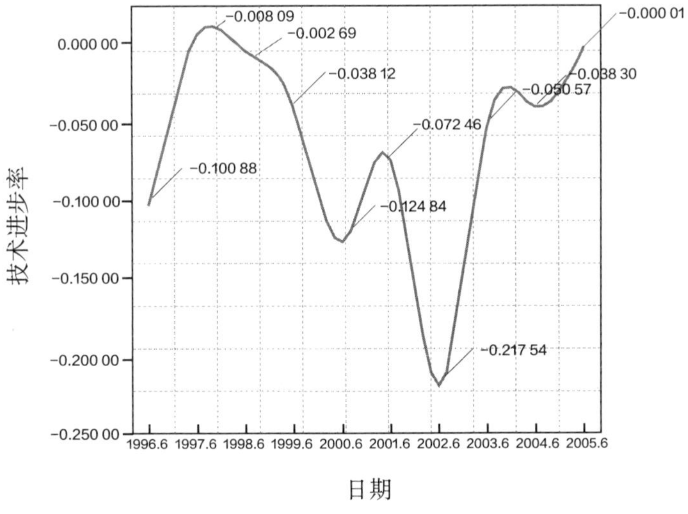

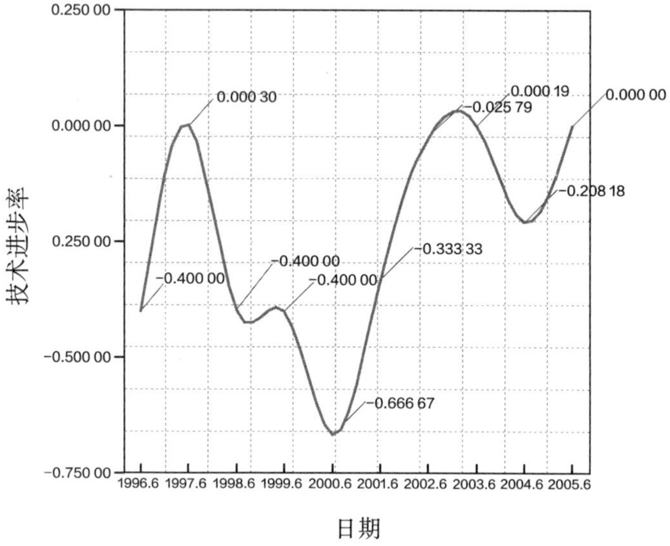

图 3–3　西部地区煤电生产（上）与煤电 SO_2 减排（下）的技术进步率

结果显示，燃煤发电行业存在技术的无效率，但这种无效率在 1995 年年末至 1997 年年末、2002 年年末至 2005 年年末存在改善，在 1997 年年末至 2002 年年末存在恶化情形，但整体有所下降（$\prod_{t=1}^{10}(1+\Delta A\cdot A^{-1})_t<1.0$）。$SO_2$ 减排同样存在技术的无效率，这种无效率在 1995 年年末至 1997 年年末有所改善、1997 年年末至 2000 年年末存在恶化现象，在 2000 年年末至 2003 年年末有所改善，在 2003 年年末至 2004 年年末有所下降，在 2004 年年末至 2005 年年末有所上升。整个考察区间呈下降态势（$\prod_{t=1}^{10}(1+\Delta A\cdot A^{-1})_t<1.0$），后者在一定程度上解释了西部地区一些燃煤发电企业存在降低脱硫设施运行率的现象。

由于索洛余量模型测定的技术进步率具有剩余要素生产率的性质，结合前述对生产最优性的研究结论可知，西部地区燃煤发电企业在挖掘潜力、提高能效方面还有较大的改进空间。

3.1.3.4　电能与环境协调发展的关联度

张彩霞等提出多变量综合评价法的基本思想是将多个指标转化为一个能够反映综合情况的指标来进行评价。为测定西部地区煤电生产与 SO_2 减排两个子系统的关联度，我们用主成分分析法来为各子系统找出一个具有代表性的指标。如果第一主成分达不到保留原指标体系测度下的85%以上“辨识能力”信息精度，则取满足精度的各主成分之和来产生一个指标。

为消除不同量纲的影响，对各投入要素与产出量按 $x_t' = \frac{x_t - \bar{x}}{\sigma_x}$ 进行标准化处理，然后求解出各子系统的相关系数矩阵及其特征根与相应模为 1 的特征向量，最后得到各子系统主成分，具体见表 3–4。

表 3–4　电能与环境系统中各子系统主成分方差贡献率

单位：%

指　标	第一主成分方差贡献率	第二主成分方差贡献率	第三主成分方差贡献率
电能子系统	93.4	6.5	1
环境子系统	91.0	8.1	8

根据表 3–4，我们选取两个子系统的第一主成分来分析其关联度。图 3–4 给出了考察区间西部地区煤电生产与 SO_2 减排的关联度及其变化趋势。

从图 3–4 来看，考察区间西部地区煤电生产与 SO_2 减排整体上呈较高关联（大多数年份该指标大于 0.5），并呈现出下降趋势。考虑到在两个子系统的第一主成分对应的标准化特征向量中产出的权重最大，其次为资本，最后是能源，以及标准化数据下各自产出曲线的性状（1995 年年末至 1999 年年末两条产出曲线的形状较 1999 年年末至 2005 年年末更相似），这与图 3–3 反映的技术进步率变化趋势，图 3–1 与图 3–2 反映的最优生产偏离状态变化趋势具有内在的一致性。

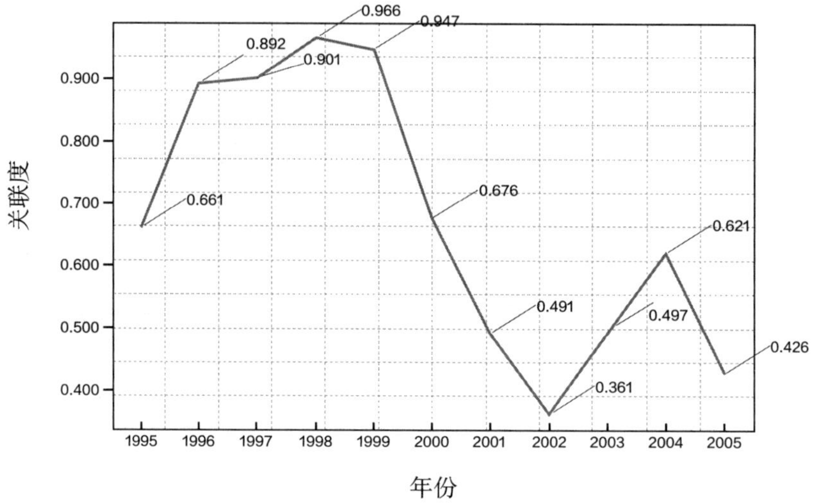

图 3-4　电能与环境关联度呈下降趋势

3.1.4　结语

本节在能源嵌套生产函数模型的基础上建立了西部地区电能与环境协调发展系统的最优生产模型，并给出其显式解。通过实证研究发现西部地区1995—2005年煤电生产与SO_2减排均未处于最优生产状态，同时测定了两个子系统各自投入要素与最优投入的偏差。进一步评价了考察区间历年各自的要素产出弹性与两个子系统的技术进步率。最后基于主成分分析法给出两个子系统的关联度及其变化趋势。研究结果显示，西部地区燃煤发电与SO_2处理在最优要素投入、技术进步与关联度3方面存在内在的一致性。因此，西部地区在未来煤电发展中可采取促进电力企业强化内部管理，优化要素投入配置，提高能效和脱硫设施运行率，加强电力发展规划，增大技术研发投入，逐步推进行业技术进步来实现可持续发展。

3.2 电力协调监管和煤电行业碳减排市场组合

通过前面的实证研究可知，伴随着经济发展，社会福利最大化的目标要求，电力生产越来越关注减少对环境的负外部性。本节对电力工业的监管历程进行简要梳理，得到电能与环境协调监管成为行业健康发展的趋势，进一步界定了煤电行业碳减排市场的组合的概念。

3.2.1 电力协调监管的必要性

社会经济理论面临的挑战是解释政府干预市场方式，经济学家们称为监管、规制或管制，强调政府通过实施法律和规章制度来规范经济主体的行为。广义监管指政府对企业活动的控制。具体来说，政府专业管理部门或授权行政执法机构对市场交易、市场主体实行监督管理，维护市场秩序的管理行为。Posner 认为，监管包括运用价格范围、数量范围、市场份额、税收、补贴、比率和行业准入条件等实施立法和行政控制。国家电力监管委员会把监管界定为政府或授权机构依据法律、法规对市场进入、产品与服务的价格和质量等进行干预或作出决定。

价格范围、数量限制、菜单监管、市场份额监管具有直接干预市场的特征。其政策影响力会快速传导给所有市场主体，克服市场滞后性的不良影响，且短期也可能对市场造成破坏。为弥补其不足，Stigler 提出经济监管理论。该理论沿着两个方向发展形成两种主流经济监管理论。一是“公共利益”监管理论，认为市场需要监管是因为公众需要矫正市场条件下可能出现的无效和不公平性。二是“俘获”监管理论，认为监管是对市场利益群体追求收益最大化相互争斗的一种回应。Baron 等把信息经济学和激励性机制设计引入经济监管理论，在理论上取得较大进展。Laffont 等把激励理论和博弈论应用于监管理论的分析，进一步发展了经济监管理论。

监管者的偏好对政策制定和实施会产生影响。为量化监管者的偏好，Stigler 等发现监管者对公共品和服务的定价可以反映监管者对企业和消费者的偏好。后来，在 Nelson 等证实下，监管者偏好权重可通过计算具体效用函数下的拉姆齐数得到。Christopher 等以部门效用和消费者剩余的偏好权重，构建天然气部门的加法型社会福利函数，监管者通过调整价格实现社会福利最大化。

张文泉等认为，电力监管是对电力市场的监管，监管机构按特定目标，依据法律法规，对照既定标准，运用相关理论方法对电力市场参与者活动进行规范和限制的行为。俞燕山等认为，电力监管是指政府运用经济、法律等手段，对电力产业经济活动实施直接或间接干预行为。Riggins 认为，电力监管是政府为保证电力产业可持续发展，采取直接和间接干预措施的总和，包括经济性监管、环境监管、供应安全等社会性监管等内容。

美国是最早实行电力监管的国家。1916 年，美国 33 个州建立政府监管机构，监督管辖区内的电力企业、发放经营特许权、监管电力企业价格、融资、服务、财务等。1935 年，美国国会通过《公用事业控股公司法》，把电力服务权交给地方电力公司，授权州政府对电力交易进行监管。1936 年，通过《联邦电力法》，组建联邦电力委员会，对州际电力交易进行监管。20 世纪 60 年代，随着人们环保意识的增强，燃煤发电企业的环境影响受到社会的重视。1978 年，美国国会通过《公用事业监管政策法》，推动能源效率提高和环境保护。美国目前电力监管采取联邦政府和州政府分散监管模式。在联邦政府层面，电力监管机构是联邦能源监管委员会。主要职能包括：监管州际电力批发交易；电力批发市场定价和设计规则。在州政府，电力监管机构是公共服务委员会或公共事业委员会，负责对电力零售市场进行监管。在加利福尼亚州电力危机后，2010 年加利福尼亚州立法部门加强了电力储能监管，2018 年美国联邦能源监管委员会要求各地独立系统调度机构（ISO）为储能参与电力市场交易提供支持。

为解决电力生产分散的问题，1947 年英国颁布《电力法》，建立中央电力管理局，负责电力供应。1957 年，英国政府颁布新《电力法》，设立中央电力生产局，负责电力生产和电力输送，控制行业投资。1990 年，英国政府对电力产业实行私有化改革，电力监管体制改革分两个阶段：第一阶段是 1989—1999 年，由电力监管办公室主导，把市场化改革作为监管主要内容。重构电力市场参与主体，电力生产和销售引入竞争，电力输配送实行价格管制，加强对燃煤发电企业的环境管制。第二阶段是 1999—2021 年，由新成立的燃气和电力市场监管办公室对燃气和电力两个市场结构类似、关联密切的行业实行统一监管。英国改革被作为一种模式和导向推动了澳大利亚、新西兰、加拿大等国家和地区对电力产业的放松管制。

分析发现，美国、英国等发达国家电力监管呈以下趋势：联合监管和独立监管结合，竞争环节和垄断环节采取差异化监管，保护性监管向激励性监管转变，单纯经济监管到经济与社会监管并重，监管部门之间的沟通协调受到重视。植草益认为，世界电力产业发展历程由最初自由竞争无管制到政府垄断垂直一体化管制，再到引入竞争、放松管制，且由于垄断性和竞争发生冲突，导致政府重建规制。而整个电力监管也是一个振荡调适的过程。

我国在电力监管方面经历了 4 个阶段。第一，政企合一、国家垄断经营，主要特征是政策制定职能、行业监管职能、国有资产管理职能和企业生产经营多种职能合一。第二，政企合一、发电市场逐步放开，这个阶段始于 1985 年我国出台的《关于鼓励集资办电和实行多种电价的暂行规定》。其主要特点是发电市场引入新投资者，结束独家经营局面，但政企合一监管体制、监管方式、垂直一体化经营并未改变。第三，政企分开、部分省（市）市场化改革试点，此阶段由于改革开始就涉及深层次矛盾，重点解决政企不分的问题。

1997 年组建国家电力公司，1998 年撤销电力工业部，实现中央层面政企分开，形成了各部门行使政府管电职能以及国家电力公司等电力企业自主经营的体制框架。同时，电力工业环境监管职能转移到原国家环保总局。1998 年，国务院发布《关于深化电力工业体制改革有关问题的意见》，在省级层面开展政企分开试点改革。第四，电力市场化改革全面推进。2002 年，国务院发布《关于印发电力体制改革方案的通知》（国发〔2002〕5 号），实施“厂网分开，主辅分离，输配分开，竞价上网”改革。2003 年，设立国家电力监管委员会（简称电监会），根据国务院授权，依照法律法规履行全国电力监管职责。把国家电力公司改组为 2 家电网公司（国家电网和南方电网）和 5 家发电集团（华能、国电、大唐、中电投、华电），以及 4 家电力辅业集团。2013 年国务院机构改革为进一步协调能源监管体制，把电监会并入国家能源局。2015 年，中共中央、国务院发布《关于进一步深化电力体制改革的若干意见》（中发〔2015〕9 号），提出“有法可依、政企分开、主体规范、交易公平、价格合理、监管有效”的市场体制改革目标。

电监会成立以前，我国电力监管职能分散在多个部门，它们按授权和分工对电力市场准入、市场主体行为、价格实施专业化监管，而环境监管由环保部门负责。在中国电力产业面临市场化改革和应对气候变化的双重压力下，任玉珑等认为，电力产业应实行协调监管，提出电力协调监管的思路：

第一，通过加强经济性监管来保证电力市场公平竞争，促进发电企业提高效率，增加社会福利水平。市场化是电力产业改革的方向，应构建与电力市场相适应的监管体系，维护公平竞争。

第二，设计与电力市场相适应的监管措施，加强电力产业负外部性的管理，推动电力产业与环境协调发展。为实现协调发展，对经济性监管的措施应考虑环境保护的要求。

第三，构建与中国国情相适应的电力监管组织框架，促进电力产业与环境协调发展。

在此基础上，任玉珑等提出电力协调监管的概念：在电力市场中，各监管机构在一定的组织结构、渠道沟通和协调机制的作用下，对市场主体行为进行监督、管理和调节，克服市场机制的缺陷，推动电力产业健康、稳定地发展，降低负外部性，实现社会福利最大化。从这一定义出发，电力协调监管包括三方面内涵：首先，电力协调监管目标是电力产业协调发展，实现社会福利最大化；其次，协调的监管和发展措施；最后，协调的电力监管组织结构和必要的沟通机制。

3.2.2 煤电行业碳减排市场的组合

结合电力协调监管的思路和内涵，煤电行业碳减排市场组合应具有以下内涵：

第一，碳减排市场组合的目标是电力工业协调发展，电力关系到国民经济，需最大限度减少温室气体排放。电力工业是国民经济的基础产业，其首要任务是满足国民经济发展所需的电力。达成该任务可以有很多路径，作为应对全球气候变化负责任的大国，我国电力工业需要走以尽可能减少温室气体排放为特征的路径。

第二，碳减排市场组合的组织结构和沟通方式要能够体现，在电力监管者和环境监管者以协调市场为基础配置排放权资源和发电量。从微观经济学角度，自由竞争市场是富有效率的，但市场具有外部性，可能失灵和垄断。因此，市场需要政府监管才能充分发挥资源优化配置功能。在电力这种自然垄断产业中，电力市场和排放权市场的协调运行，需要电力监管者和环境监管者在组织结构和沟通方式这两方面协调一致。

第三，碳减排市场组合的措施要体现出作为生产要素市场，作为排放权市场应服务于电力市场；作为产品市场，电力市场应引导排放权市场，并服务于国民经济发展的电力需求；在此基础上，两类市场应最大限度地激励发电商减少温室气体排放。微观经济学中，生产要素市场被界定为服务于产品市场的派生市场或衍生市场，其市场均衡形成过程受到产品市场的直接影响。我国煤电行业在面临应对气候变化，减少温室气体排放和电力市场化改革的双重背景下，碳减排市场设计要能够通过电力市场的运行参数引导排放权市场均衡的形成，通过排放权市场初步优化排放权要素配置，为电力市场优化和电能与环境协调发展这个全局优化目标奠定基础；在此基础上，充分发挥电力市场资源配置效率、排放权二级市场保证发电量必需的排放权和限制投机行为这两个功能，优化发电量的配置。最终实现在保证国民经济电力需求的前提下，有效配置排放权资源。

综上所述，煤电行业碳减排市场组合的内涵可界定为，在电力监管者和环境监管者的共同协调努力下，以市场为基础配置排放权资源和发电量；使电力市场引导排放权市场，排放权市场服务于电力市场，以最大限度地激励发电商减少温室气体排放的方式，服务于国民经济发展的电力需求，促进电力工业协调发展。

第 4 章　国外燃煤发电企业碳减排新进展

第 3 章在实证研究和文献梳理的基础上，明确了煤电行业碳减排市场组合的内涵。而本章通过调查国外燃煤发电企业碳减排的新进展，归纳出其市场设计的经验与不足，以及对我国碳减排的启示。这项工作为新市场组合设计提供了现实依据。

4.1　国外燃煤发电企业碳减排实践

4.1.1　欧盟燃煤发电企业的碳减排

《京都议定书》中，欧盟承诺在 2008—2012 年温室气体排放在 1990 年基础上减少 8%。为推动全球温室气体减排，2007 年欧盟提出未来 10 年新能源消费增长 1 倍；2020 年碳排放在 1990 年基础上减少 15% ~ 30%，能效提高 20%，终端能源消费中可再生能源占 20%；2050 年碳排放在 1990 年基础上减少 60% ~ 80%。2014 年欧盟通过《2030 年气候与能源框架协议》，要求碳排放在 1990 年基础上至少降低 40%，能效提高 27%，新能源占终端能源消费比例达 27%。2020 年欧盟提议把 2030 年碳排放降低 40% 的目标提高到 55%。具体涉及燃煤发电企业碳减排方面，欧盟主要采用碳排放权市场、征收碳税，以及发展绿色电力市场三种机制。

（1）EU ETS

从经济学分析，创造排放权并实施排放权市场交易（ETS）能以较低成本减少碳排放量，并且对经济发展变化的适应性更强。EU ETS 机制设计正是基于这样的共识：为碳创造一个价格能够以最具成本优势的途径实现全球温室气体深度减排，从而有效阻止气候变化达到危险的程度（European Commanities，2008）。欧盟碳排放权市场分四阶段：2005—2007 年、2008—2012 年、2013—2020 年、2021—2030 年。该市场体系包括碳交易、碳金融、碳管理与碳审计四方面内容。其中，碳交易实行总量控制下的交易机制。2001 年 10 月欧盟公布实施《碳排放交易指导意见》，2003 年欧洲议会通过该指导意见。2005 年 1 月，EU ETS 市场交易机制开始运行，该市场容纳 11 500 家企业，2006 年交易额达 146 亿欧元，2012 年达 560 亿欧元。截至目前，EU ETS 交易地理范围包括欧盟 28 个成员国以及冰岛、列支敦士敦和挪威。从温室气体交易量（图 4–1）、交易地理范围以及涵盖行业分析，EU ETS 市场规模都在以较快速度扩大。

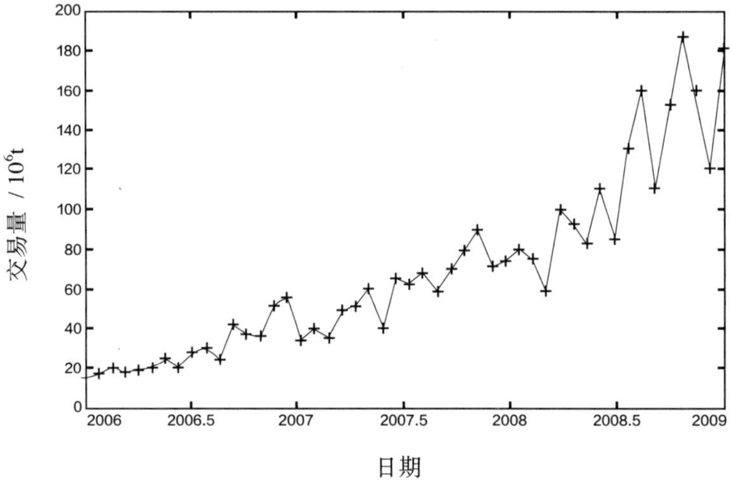

数据来源：欧洲共同体，2008.

图 4-1　2006 年 1 月—2008 年 12 月 EU ETS 交易量

初始排放权分配问题。Betz 等研究表明，不同初始排放权分配会对发电商执行减排义务的成本产生不同的影响，从而影响发电商在电力市场的决策行为。初始排放权分配主要有免费分配、拍卖和标价出售三种方式。EU ETS 第一阶段，95% 初始排放权通过免费分配获得，其余部分以拍卖获得；第二阶段，免费分配比例减少，至少 10% 初始排放权拍卖分配；第三阶段，至少 50% 初始排放权拍卖分配。燃煤发电企业在第三阶段实行全部初始排放权的有偿分配，因为欧盟实践表明，即使免费分配，也会把碳减排成本及部分碳价转嫁到消费者身上。在第二阶段，欧盟计划将碳排放量从第一阶段的 2 298.5 Mt CO_2e 减少到 2 086.5 Mt CO_2e，其中包括一些新行业和新国家的加入。在第三阶段，欧盟计划以年 1.74% 的速度减少碳排放权的配额。2015 年欧盟修订 EU ETS 第四阶段的目标为 2030 年碳排放在 1990 年的基础上至少降低 40%，并将其纳入《巴黎协定》的国家自主贡献（NDC）指标。因此，第四阶段碳排放权配额减少速度将达 2.2%。

EU ETS 的主要特征：EU ETS 是最早以及目前最大基于企业层面的跨国碳交易市场，其市场设计被澳大利亚、挪威、瑞士、中国、美国东北区域温室气体减排计划（RGGI）等各国及区域碳交易市场设计所借鉴。

减排目标类型：绝对数量控制，如 X t CO_2e。一份排放权允许持有者排放 1t CO_2e，并且有具体存续期限。

超额排放罚款：第一阶段，超额排放 1 t CO_2e 征收 40 欧元碳税；第二阶段，超额排放 1 t CO_2e 征收 100 欧元碳税。

新进入者：成员国会考虑为进入者提供碳配额，具体如何提供以及提供多少由各成员国决定。从 2013 年开始，设置 3 亿 t 新进入者预留碳配额（NER300）以鼓励新能源技术创新和 CCS 项目。

企业关闭：成员国需要决定企业关闭后碳配额是否上交或作为资产保存。这些碳配额转移到另一家企业也需要经各成员国的慎重考虑。

交易温室气体：第一阶段仅为 CO_2，第二阶段增加 N_2O，第三、第四阶段涵盖《京都议定书》所有温室气体。

强制或自愿减排：强制性减排。

市场参与主体：排放者。

排放权是否可存储：第一阶段，仅有挪威等少数国家允许碳排放权存储；第二阶段，EU ETS 规定允许碳排放权存储。

涵盖部门：第一阶段涵盖电力、炼油、建筑材料（玻璃、水泥、石灰、砖、瓦、陶瓷生产）、钢铁、造纸行业；第二阶段扩展到化工、食品饮料、铝业、矿石开采、服务；第三阶段进一步扩展到航空部门。

EU ETS 冲销机制：EU ETS 交易机制中，《京都议定书》清洁生产和联合执行两种减排机制扮演重要角色。CDM 和 JI 机制确保《京都议定书》中承担具体减排义务的发达国家企业投资第三方国家减排项目，冲销部分减排义务。CDM 项目涵盖发展中国家，产生碳信贷称为核证减排量。JI 项目针对工业化国家和经济转型国家，产生碳信贷称为减排单位（ERUs）。CERs、ERUs 与 EU ETS 交易单位欧盟碳配额（EUAs）换算关系为 1:1:1。EU ETS 的冲销机制第一阶段为除森林外的 CDM 项目，第二阶段还包括 JI 项目。由于经济危机和 CDM 与 JI 机制的影响，2013 年碳排放权配额剩余高达 21 亿 t。2014—2016 年欧盟推迟拍卖 9 亿 t 碳配额，同时 CDM 和 JI 项目发展也受到影响。根据《巴黎协定》，2020 年后新的市场机制将取代 CDM 和 JI 机制。

EU ETS 价格的影响因素。影响 EU ETS 价格的主要因素包括按基准情景 (BAU) 确定的排放量、基于 CDM 和 JI 项目的欧盟外部碳排放权供给量及其价格、燃料相对价格、天气（气温、降雨、云雾）、规制特征（如国家分配方案等），以及政策的不确定性。在欧盟碳交易实践中，2005 年 1 月实行统一碳交易后，碳价大幅度上升；2006 年 4 月欧盟公布新碳排放分配方案后，碳价大幅度下降，表明碳价受政府规制影响较大。从图 4–2 中 2006 年 1 月至

2008 年 11 月 EU ETS 价格走势分析，碳价波动在 12 ～ 34 欧元。考虑到第一阶段碳排放权退出市场价格，这种波动更大。

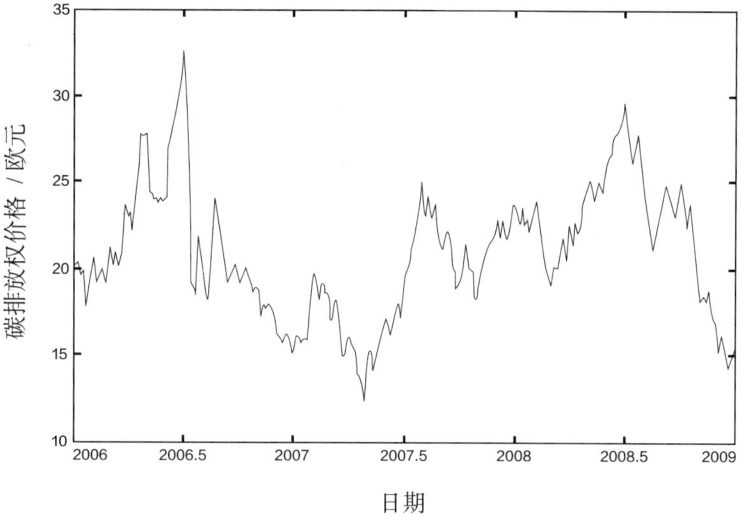

资料来源：欧洲共同体，2008。

图 4-2　2006 年 1 月至 2008 年 12 月 EU ETS 市场价格

发达国家和发展中国家边际减排成本存在差异，这为基于项目的国家间碳交易提供了依据。如图 4–3 所示，Stankeviciute 等研究 2010 年和 2020 年部分国家和地区边际减排成本，也发现不同国家和地区的边际减排成本不同，同一国家和地区在不同时期的边际减排成本仍然存在差异。这为建立碳交易现货市场、期货、期权等衍生金融工具市场提供了理论依据。

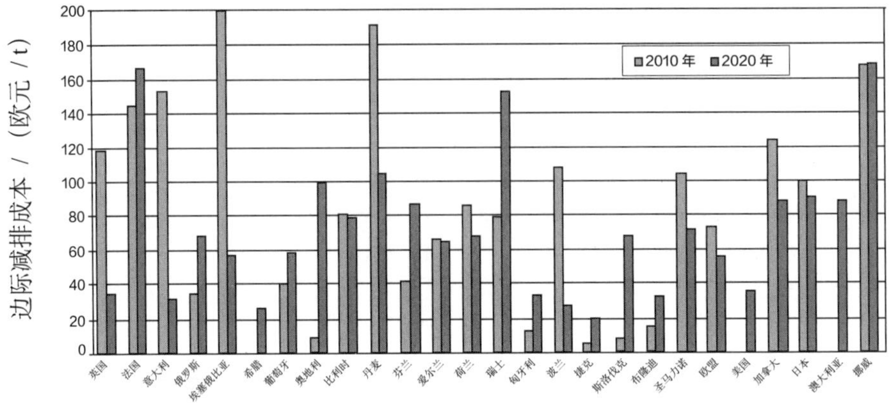

资料来源：Stankeviciute 等，2008。

图 4-3　2010 年和 2020 年部分国家和地区的边际减排成本

（2）碳税

碳税作为政府监管工具，可以直接促进碳减排。Voorspools 等研究发现，欧盟部分成员国针对每吨碳当量征收 10 欧元，显然这对燃煤电厂的成本造成了较大的影响。EU ETS 第一阶段和第二阶段对超额排放分别征收 40 欧元 /t CO_2e 和 100 欧元 /t CO_2e 碳税。挪威、瑞士、英国、爱尔兰、德国、丹麦等国家也有碳税与碳交易并存的情况。

在利用税收工具促进燃煤发电企业减排方面，欧盟一些成员国设计了嵌入税制。它是推动电力生产向可再生能源发电转变工具之一，要求电网运营商以最低价格优先调度可再生能源的发电量，政府以嵌入税进行补贴。

（3）绿色电力市场

为实现《京都议定书》的减排目标，欧盟成员国在促进燃煤发电企业碳减排方面除采用欧盟碳交易计划、成员国国内碳交易计划、CDM 和 JI 项目以及碳税外，还通过可交易绿色证书（TGCs）等市场手段扶持可再生能源发电来减少碳排放。

TGCs 作为基于市场的交易工具，可促进电力生产向可再生能源（RES）发电转变，减少燃煤发电企业碳排放量。TGCs 要求电力用户以配额（比例）购买可再生能源的发电量，用户每年向市场组织者提交 TGCs，它们可以在市场交易；在发电侧，政府对可再生能源发电投资给予补贴。

Nielsen 等发现，由于政治原因，欧盟成员国 TGCs 在法律依据、内涵界定、市场条件、与可再生能源规制共存方面存在差异。在法律依据方面，各成员国新能源消费占比有所不同，如 2010 年英国为 10%、荷兰为 5% 以及比利时佛兰德斯地区为 5%。在内涵界定方面，英国、丹麦把大型水电站排除在 TGCs 之外，荷兰、比利时佛兰德斯地区以及德国把非生物质垃圾的发电排除在外。即使在同一个国家，TGCs 的内涵仍存在差异。比利时至少存在四种 TGCs，在佛兰德斯和布鲁塞尔地区装机容量达到 10 MW 就能申请 TGCs 补贴，然而在瓦隆地区装机容量达到 20 MW 才能申请。在市场条件方面，丹麦、意大利已建立整套法律体系确保 TGCs 市场稳定性。丹麦通过独立基金保证市场稳定性，意大利由发行机构专职负责 TGCs 市场稳定性。TGCs 与可再生能源规制共存方面，不同国家执行不同价格扶持政策，固定嵌入税补贴水平、新能源投资补贴力度也存在差异，这导致发电商之间不公平竞争。欧盟成员国 TGCs 差异阻碍了市场发展，协调多种 TGCs 推动可再生能源发电成为一种趋势。

Morthorst 研究 TGCs 市场和可交易碳排放权许可证市场（TEP）相互影响，通过比较绿色证书市场、绿色证书市场与初始排放权免费分配下的碳排放许可证市场、绿色证书市场与拍卖分配下碳排放许可证市场三种情形，发现有效激励发电商碳减排和采用可再生能源发电技术。

欧盟在燃煤发电企业碳减排方面，采用 CCS，推动技术进步提高能源效率，电力需求侧管理（DSM）也是有效的政策工具（图 4–4）。

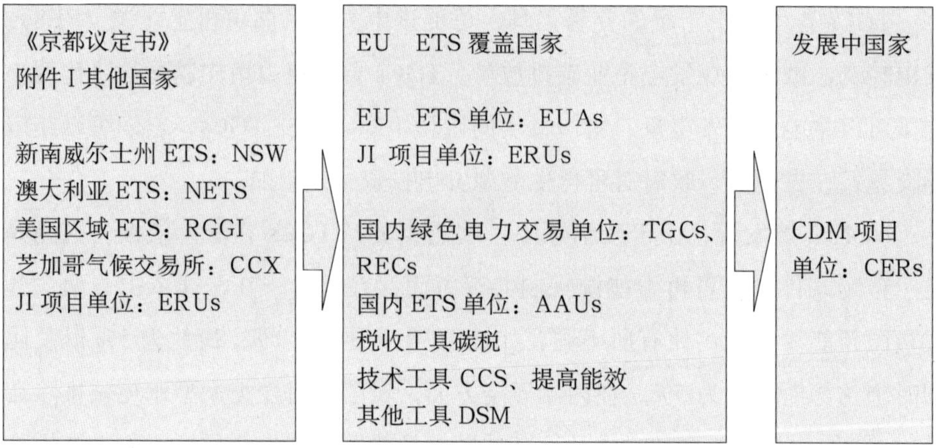

图 4-4　欧盟燃煤发电企业的碳减排机制

4.1.2　其他国家和地区燃煤发电企业的碳减排

越来越多的欧盟成员国开始建立国内碳市场。英国、挪威、瑞士和丹麦在国内已建立类似 EU ETS 的碳市场，并通过链接指令与 EU ETS 机制相联系。

英国在 2002 年 4 月成立世界上首个碳排放权市场，交易温室气体为《京都议定书》规定的 6 种温室气体，涵盖部门包括各类工业和能源使用部门。英国 ETS 目标是排放总量控制，采取自愿加入方式，市场主体为温室气体排放者和使用者。英国 ETS 第一阶段排放权存续时间为 2002—2006 年。对于超额排放的罚款，每年超额排放 1 t CO_2e 罚款 30 英磅，相应减少下一年的排放量和非支付性补贴。英国 ETS 不允许 CDM 和 JI 机制进行冲销，但允许排放权储存。

挪威 ETS 于 2005 年 1 月开始运行，其主要特征与 EU ETS 第一阶段相同。由于碳税与碳排放权交易并存，挪威 ETS 机制只对未实施碳税的企业具有强制性，全国仅 10% 的碳排放量被纳入该市场。另外，挪威 ETS 体系下排放权可以储存。

瑞士 2008 年开始实施国内碳交易，第一阶段排放权存续时间为 2008—2012 年。瑞士 ETS 的温室气体为 CO_2，涵盖部门包括水泥、电力、铝业、造纸、钢铁、玻璃、制陶及其他工业。瑞士 ETS 目标仍为排放总量控制，采取自愿加入方式（一旦加入，则具有强制性），市场主体为碳排放者。对于违规罚款的问题，每年自超额排放起对每吨 CO_2 征收碳税和利息。瑞士 ETS 机制允许排放者通过 CDM 或 JI 进行冲销，并允许排放权储存。

丹麦规定发电商碳排放权配额，发电商之间可以进行碳排放权配额的交易。如果发电商的碳排放量超过了配额则会被罚款，额度在 2001—2003 年为每吨 5.4 欧元。

除欧盟成员国积极应对全球气候变化、减少温室气体排放以外，其他国家和地区也积极致力于减少燃煤发电企业温室气体排放。

澳大利亚新南威尔士是较早在州层面上推行碳减排地区。Nielson 把创造排放权并实施排放权市场交易分为总量控制下碳排放权交易和基线与碳信贷计划两种。早期新南威尔士碳交易计划（NSW ETS）采取基线与碳信贷计划机制，要求排放主体购买碳信贷计划来冲抵排放量。该机制问题在于基线如何确定，以及价格是否足以激励排放者减排。实践表明，它难以达到有效减排的政策效果。后来该计划转向总量控制下的碳交易机制，直到 2012 年停止运营。

借鉴新南威尔士碳交易计划和 EU ETS 交易机制，澳大利亚着手建立国家层面的碳排放权交易市场。2008 年澳大利亚政府公布《Garnaut 气候变化评估报告》。该报告分析了澳大利亚在全球应对气候变化中的作用、气候变化对经济的影响、碳减排面临的问题与机会，提出建立全国碳排放权交易市场的整体框架。在澳大利亚碳减排计划（CPRS）中，每年政府需公布年排放上限、减少轨道（行业减排量）、碳价上下限以及超额排放的罚款力度等信息，初始排放权逐步由免费分配和固定价格向拍卖过渡。该计划中，20% 以上初始排放权采取免费分配，电力公司的排放量约占 50%。经测算，碳排放权交易将引起电价上升 16%，通货膨胀率上升 0.9%。2012 年澳大利亚开始实行固定价格的碳交易，2015 年开始实行总量控制与排放权交易。2015 年澳大利亚碳市场和 EU ETS 建立单向链接，2018 年建立起双向链接，互相认可碳配额。

加拿大已经建立了覆盖碳排放量 50% 的能源密集型企业的终端排放者系统。该系统运用排放强度目标和不超过 15 加元 /t CO_2e 的价格保证机制来激励企业采取碳减排措施。2008 年不列颠哥伦比亚省引入碳税计划，2013 年和 2019 年魁北克省和新斯科舍省相继启动了总量控制下的碳交易市场。2019 年加拿大实施全国碳税计划，该计划主要针对未实施碳税或碳排放权交易的省份，税率为 20 加元 /tCO_2e（2022 年将增加到 50 加元 /t CO_2e）。

美国燃煤发电企业排放的温室气体占总排放量的 33%。在美国，运用市场手段促进燃煤发电企业的碳减排有两种模式：基于负荷的总量控制下贸易（LB）模式和基于排放源的总量控制下贸易（SB）模式。LB 模式把碳减排义务赋予负荷服务实体（LSEs），而 SB 模式则将碳减排义务赋予发电商。虽然两种模式都可以激励发电商减排，但 LB 模式能克服现货市场非双边合同交易电量和进口电量引致的排放漏出问题。对于两种模式下的初始排放权分配问题，Palmer 等研究表明，SB 模式下拍卖分配可以避免发电商从排放权市场获取暴利。Burtraw 等研究表明，LB 模式下有偿或无偿分配碳排放权都不能给发电商带来暴利。2006 年 Oregon 通过议会 3545 号法案，逐步实施 LB 模式。该州在降雪量丰富的年份净出口电量，由于水电的季节性特征，其他年份仍需从 Utah、Wyoming 和 Montana 州进口燃煤发电量。该州 LB 模式采取合同路径的方式配置减排义务，但合同路径不能保证现有的清洁发电被调度，也不能有效地激励发电商投资于新能源发电或采取低排放的发电技术。2006 年加利福尼亚州通过 32 号法案，要求州内发电量和进口电量都要承担碳减排义务。该州每年净进口电量占 30%，排放量占燃煤发电企业排放量的 50%，从而碳减排机制具有 LB 模式特征。

LB 模式需要解决与竞争性电力市场相适应，以及初始排放权分配的问题。为此，Gillenwater 在 LB 模式下设计了非捆绑式发电排放特性证书（GEAC）激励发电商碳减排。该机制考虑了排放率和违约排放率，线损通过调整负荷来实现，并允许 GEAC 交易。负荷服务实体倾向于购买低排放者的发电量，各发电商超过购买的 GEAC 排放量将受到违约排放罚款。在 LB 模式下 GEAC 机制较合同路径机制更多地依赖于市场手段来激励发电商减排，并为低排放者带来了新的收益流。该机制可以在系统调度层面上促进发电商内化排放成本，并与竞争性批发电力市场相适应。Gillenwater 归纳出 GEAC 设计需考虑的几个问题：排放总量供给有限且接近负荷要求；与竞争性电力市场相协调；减少发电商在竞争性电力市场报价决策的不确定性（发电商在电力市场报价前能够预测 GEAC 的收益流）。

美国尚未建立全国统一碳市场，在区域碳排放权交易方面，2003 年芝加哥气候交易所（CCX）成立。该体系是全球第一家跨国跨区域温室气体交易所，市场主体涵盖 200 多个来自航空、汽车、电力、环境、交通等数十个行业的跨国参与者。2009 年芝加哥气候交易所停止运营。目前美国在运行的区域碳交易市场有西部气候行动倡议（WCI）、北美温室气体贸易协定（RGGI）等。

另外，美国和日本还存在与碳排放权交易市场类似的自愿减排体系。

4.2　国外燃煤发电企业碳减排实践经验与不足

国外燃煤发电企业碳减排的成功经验主要有：

第一，多种减排工具并存。欧盟燃煤发电企业的碳减排采取了涉及国家间、区域内和国家范围内的市场工具和政府监管工具。对企业而言，碳排放权作为不可或缺的生产要素，市场组织者和监管者应创造基于市场和监管的工具，提高价格弹性，降低企业减排的经营风险，使减排政策具有激励性和相容性。

第二，建立碳交易的配套制度。欧盟碳交易实践表明，信息通畅且运行良好的碳市场需要在交易前准确地获得各主体的排放数据。加强碳管理与审计，建立可监测、可报告和可核证（MRV）的配套制度是碳市场健康运行的前提条件。

第三，碳排放权交易市场对电力市场发展产生了积极影响。Kockar 等研究碳排放权交易市场对发电商的成本和在电力市场中的竞争力的影响。他们建立了调度系统在排放权市场成本最小化的整数规划模型，模型考虑了负荷平衡、机组功率约束、启停机时间、备用容量、燃料耗量特性以及排放总量因素。研究结果发现 EU ETS 能增强低排放率发电商的竞争力，如果发电商未达到排放上限，这种影响就不存在。Borchiellini 等发现，在碳排放权交易下，发电商的边际成本受到排放强度的影响：排放强度高会增加发电商的运营成本，抵消碳价带来的减排收益；碳排放权交易改变了电力市场的机组调度序列，高排放强度的发电商经常处于系统边际机组边缘。在电力工业中，新能源和可再生能源发电具有低排放率；在化石能源发电中，大型机组的排放率低于小型机组。因此，碳排放权交易市场可以增强电力市场的资源优化配置功能。

国外燃煤发电企业碳减排存在的问题主要有：

第一，碳价波动问题。理论上，碳价主要由能源价格、高温行业、气候、交易机制设计决定。EU-ETS 第一阶段实践中，碳价波动较大是交易机制导致的一个问题。Klepper 等基于 EU ETS 国家分配方案来预测碳价时发现，第一阶段供给量丰富和排放权不可储存是造成碳价下降的主要原因。碳价波动较大增加了经营决策的系统风险，影响了发电商对碳减排的研发和投资。在更早期的文献研究中，Meyer 发现，碳价和可交易绿色证书的价格波动大，不利于激励发电商对碳减排的投资。由于保持碳排放权的相对稀缺可以提升碳价，因此初始排放权的分配显得更为重要。

Tideman 等运用零息债券设计碳交易二级市场的定价机制：政府发行面值与当前估计每吨碳引致经济损失相同的 30 年期零息债券。债券存续期间，根据碳排放导致实际经济损失和科学评估确定债券赎回价值，当未来对碳排放引致经济损失的估计小于当前估计值时，债券赎回价值大于零，排放者当前最佳策略是购买并持有债券；反之，债券赎回价值等于零，最佳策略是卖出债券。由此实现对二级市场碳交易的定价，将二级市场的价格发现功能反馈到一级市场，实现对一级市场碳交易的定价。理论上，该机制将二级市场的信息反馈到一级市场，有利于熨平一级市场的价格波动。

第二，碳价水平和碳价转嫁对发电商的激励问题。Alerola 等对欧盟 2005—2007 年第一阶段的碳价建立计量经济模型研究表明，EU ETS 不足以确保足够高的碳价来激励发电商减少碳排放量。EU ETS 对发电商的激励还依赖于碳价向电价转嫁的程度。在监管措施不协调或减排机制不完善的情形下，发电商可能会利用碳排放权获取暴利或把减排成本转嫁到消费者身上，从而降低电力市场的资源配置效率。Sijm 等运用古诺竞争和猜测供给函数分析 EU ETS 对电价的影响，发现即使发电商处于市场力较低的完全竞争状态，碳价向电价转移的比例和绝对量也都将增加。Liliya 等运用占优企业竞争模型来研究电力市场不完全竞争程度与碳价转嫁的关系，这取决于市场集中度、可用容量、电源结构、负荷需求、峰荷与非峰荷等因素。Bonacina 等研究 EU ETS 对短期电价的影响，发现碳价转嫁受到电力市场结构的影响。电力市场处于完全竞争状态时碳价会全部转嫁到电价中；在电力市场的集中度增大或备用容量不足或峰荷时段（即作为领导企业的发电商的市场力增大）时，碳价向电价转移的比例减少。EU ETS 第一阶段碳排放权交易使欧盟燃煤电厂的成本平均增加约

10 欧元 /(MW • h)，终端用户电费增加约 10 欧元 /(MW • h)。在德国，碳价的转嫁程度接近 100%，在北欧电力现货市场这种转嫁程度在 75% ~ 95%。Weigt 等研究发现，2002—2006 年，德国电力市场的电价上涨了一倍，他们建立了一个竞争性基准模型来解释这个现象。模型考虑了机组技术特征、燃料价格、碳排放权价格、开机条件等因素。经研究表明，模型观测到的碳价大部分转嫁到电价中，碳排放权交易导致德国批发电力市场的电价远高于竞争性水平。Nielsen 等指出碳排放应坚持“谁排放谁负责”的原则。这意味着在市场设计时需要考虑把排放者的外部成本内部化。而如果碳价向电价转嫁的程度高，会不利于激励发电商采取碳捕集与封存技术和实施碳减排长期投资。

第三，碳减排责任的转嫁问题。Anger 研究后，京都时代 EU ETS 与超出欧盟范围的国家间碳交易以及与非能源密集型产业的关系。研究结果发现，非能源密集型产业被排除在 EU ETS 之外，《京都议定书》的减排义务被限定在能源密集型产业的范围内，免费分配初始排放权导致碳交易把减排责任转嫁到 EU ETS 之外的国家和企业。Anger 认为，建立超出欧盟范围的国家间碳联合贸易体系，允许非能源密集型产业参与交易可以缓解这一压力。

第四，碳排放权的储存问题。碳排放权储存对碳市场的稳定运行以及激励发电商实施碳减排都会产生较大的影响。在 EU ETS 实践中，2006 年 4 月欧盟公布新分配方案后，EUA 价格快速下降，从 2006 年 4 月大于 30 欧元 /t CO_2e 到 2007 年 2 月 1 欧元 /t CO_2e。这与第一阶段碳排放权不可储存直接有关。在市场规则下，发电商基于利益的权衡，缺乏对碳捕集与封存技术进行研发和投资的动力。

第五，各种减排工具的协调问题。为有效激励发电商实施碳减排，欧盟燃煤发电企业碳减排在各个层面采取了多种政策工具，Rosendahl 认为市场的外部性意味着碳排放权的市场定价会导致减排的投资减少，需要在碳市场定价的框架下引入政策监管机制。Nielsen 等发现欧盟成员国在可交易绿色证书的内涵界定、法律依据和市场条件等方面存在差异，这些差异阻碍了市场的发展，协调 TGCs 设计成为亟待解决的问题。Sorrell 等发现各种减排政策综合起来可能会影响整体减排效果，设计和协调各种碳减排政策显得特别重要。Ellis 等指出，目前存在不同的排放权市场，它们在目标表述、价格上限监管、非义务供给、排放权信贷、合格冲销、分配方法等方面的协调存在较大的难度，导致投机行为和减排成本上升。各种减排市场可能发生冲突，降低综合减排效果。

Khanna 等运用福利经济学研究印度贸易政策与碳减排关系，认为经济改革政策可以促进燃煤发电企业的碳减排工作，增加社会福利；进一步发现协调贸易政策与实施碳排放税能够增强减排效果。

另外，过度地强调碳减排市场的流动性可能会削弱其激励燃煤发电企业实施碳减排的功能。Ellis 等把碳减排市场的关系归结为两类——单向联系和双向联系，前者指系统 A 的排放权交易适用于系统 B，反之则不成立；后者指两个系统的排放权交易可以相互适用。研究表明，后者能增强市场的流动性，但是抵消了一定程度上的减排效果。Gillenwater 研究表明，消费者在绿色电力市场自愿购买可再生能源证书（RECs），从生产角度补贴了可再生能源发电，但发电商之间买卖 RECs 不会形成减排效果。

4.3　国外燃煤发电企业碳减排实践对中国的启示

我国煤电行业正在经历着区域批发竞争和电力市场推进全国联网电力市场的市场化改革。在这样的背景下实施碳减排，机遇与挑战并存。政府逐步建立与国际接轨的各种碳减排市场，使之与目标电力市场协调，这不仅有利于煤电行业的健康稳定发展，也是应对全球气候变化负责任大国的具体体现。借鉴国外燃煤发电企业碳减排的实践，我国电力工业可从以下几个方面建立组合减排机制：

第一，建立政府规制下的分级分类，逐步向全国统一市场过渡。碳排放应坚持“谁排放谁负责”的原则，这意味着机制设计需考虑把排放者的外部成本内部化，而建立碳排放权交易市场能够较好地体现这一要求。碳减排是在全球各行业背景下展开的，不同行业不同层级有不同的减排特征，Klepper等研究证实，能源密集型企业与非能源密集型企业的混合规制会带来额外的减排成本。条件成熟时可以考虑逐步建立碳排放权期货、期权等衍生金融工具市场，利用其价格发现功能熨平现货市场的价格波动。碳排放权交易机制目的在于以最低成本达到完成环境目标，政府可以通过提供长期愿景来促进清洁电能生产技术的投资，限制把碳排放权分配作为达到完成其他能源政策目标的工具。一级市场拍卖分配碳排放权不应触发高电价。在竞争性市场中碳价转嫁不可避免，政府可以引导转嫁比例控制在合理范围内，从而有利于鼓励清洁电能生产、CCS 研发与投资，以及电力需求侧响应。

第二，设计多种减排工具，使之协调运行。欧盟燃煤发电企业的碳减排在不同层面设计了多种减排工具，从而提高了碳排放权生产要素和价格弹性，降低了实施碳减排的系统风险。我国在建立燃煤发电企业碳减排市场过程中，可以考虑在加强现有可再生能源发电、提高能效、需求侧管理等工具的基础上，引入 CDM、碳税、碳排放权交易、TGC 交易以及 CCS 等工具，使之相互协调，提高整体减排效果。另外，尽管绝大多数绿色电力购买者不会关注具体的环境利益，但他们相信其购买行为会带来环境利益，政府在对可再生能源发电的大力支持下，仍不放弃自愿购买绿色电力。因此，开展自愿绿色电力交易也可以成为我国燃煤发电企业碳减排的工具之一。

第三，促进目标电力市场与碳排放权交易市场的相互协调。EU ETS、NSW–ETS 以及英国 ETS 等实践表明，电力市场化和碳减排两个目标是可以协调的。Perkins 研究表明，发展中国家在燃煤发电企业重组过程中，鼓励独立发电商进入行业可以降低排放强度，改善燃煤发电企业的负外部性。我国在设计电力市场和碳减排市场时，可以考虑使各种减排机制尤其是碳排放权交易市场与目标电力市场相互协调。

第四，逐步建立碳管理与审计的配套制度。国外燃煤发电企业碳减排的实践表明，建立可监测、可报告和可核证的配套制度是碳市场健康运行的前提条件。我国燃煤发电企业在建立碳减排机制过程中，也可以考虑逐步建立碳监测、碳报告、碳审计的配套制度。

第五，改造现有燃煤电厂来减少碳排放。Söderholm 等在成本分析中发现，在中期多数欧盟发电商倾向于通过选择传统技术的改进，来回应碳排放权交易。MIT 研究表明，中国电力工业碳排放的 80% 来源于燃煤电厂，与低（无）碳排放的新能源和可再生能源发电相比，燃煤发电的成本较低；除非碳价足够高，否则燃煤发电的优势很难被抵消。对中国而言，改造现有燃煤电厂以减少碳排放的潜力巨大且成本较低。安装 CCS 设施、提高发电效率、改变电源结构、化石燃料与低碳燃料混合燃烧等技术都可以降低碳排放强度。

借鉴国外碳排放权交易市场和电力市场的实践可知，煤电行业碳减排市场组合设计较好地体现了上述要求。从第 6 ～ 10 章的分析可知，通过电力协调监管，发电商在两类市场的密封组合拍卖、排放权二级市场规则、临界价格区间和均衡向量空间精炼规则构成一个满足激励相容性、个人理性和可行性的激励机制。该激励机制可以促进发电商内化碳减排成本，降低排放强度、单位发电量期望燃料成本和厂自用电率，改善经营优势，以最大限度地减少温室气体排放的方式服务于保证国民经济发展的电力需求，推动经济、电能、环境协调发展。

第 5 章　国内燃煤发电企业碳减排实践

第 4 章分析了国外燃煤发电企业碳减排的新进展，归纳出其市场设计的经验与不足，得到建立组合减排机制的政策启示。本章剖析我国燃煤发电企业碳减排的实践，提炼出存在的主要问题。

5.1　中国燃煤发电企业碳减排实践

截至 2013 年年底，全国装机容量达到 1 247 GW，其中，水电 280 GW、火电 862 GW、核电 14.6 GW、正式并网运行风电 75.5 GW。中国能源结构决定了以煤为主的电力结构在较长时期内不会改变。我国 CO_2 排放量的 71% 来自燃煤，目前我国发电行业占 42.1% 的总耗煤量。因此，履行我国 2020 年单位 GDP 碳排放量在 2005 年基础上减少 40% ～ 45%，以及 2030 年减少 60% ～ 65% 的承诺，燃煤发电企业有义不容辞的责任。

5.1.1　煤电行业碳减排压力

王志轩认为，根据我国节能与环保法规、政策要求，以及我国电力工业以煤电为主的现实，衡量燃煤发电企业减排效果的主要指标包括供电煤耗、输电线损率、氮氧化物（NO_x）、单位发电用水电、废水排放量、固体废物综合利用率等。在 2009 年 11 月，中国政府作出应对全球气候变化，实施温室气体减排的承诺下，中国煤电行业减排指标相应地增加了碳排放强度和碳排放量这一要求。

据全球数据库2007年预测数据，中国燃煤电厂对气候变化的影响正在增大，在今后 10 年内，中国燃煤电厂排放的 CO_2 将增加 60%。张颖等基于 LEAP–China 情景分析的结果表明，中国电力产业在 2000—2030 年仍然处于快速发展阶段，相应燃烧导致 CO_2 排放仍维持在较高水平。荷兰学者利用 RAINS–ASIA 模型对中国电力工业在 1990—2020 年的温室气体排放进行测算，发现基准情景下，中国电力工业的温室气体排放量将从 1990 年的 5.1 亿 t CO_2e 增加到 2020 年的 15.54 亿 t CO_2e。中国电力工业的实际碳排放量在 2018 年和 2019 年分别达到 49 亿 t 和 46 亿 t，分别占全国碳排放量的 49% 和 40%。

高鹏飞等应用能源、环境、经济耦合的中国 MARKAL–MACRO 模型对 2010—2050 年中国碳边际减排成本进行研究。分析不同碳减排实施方式、限制核电发展等对碳边际减排成本的影响。结果表明：中国碳边际减排成本是相当高的，当减排率在 0 ~ 45% 时，碳边际减排成本在 0 ~ 250 美元 /t 之间；而且限制核电发展进一步增大了碳边际减排成本。不过，张旭等研究也表明，我国电力工业的边际成本越来越小。他们依据 1992—2005 年的时间序列数据，发现我国电力工业万元产值的资源消耗和环境负荷随经济发展呈幂指数衰减，符合“环境学习曲线”，并且前半部分曲线呈明显下降趋势，后半部分下降趋于缓慢。

根据 2014 年碳排放权交易试点的数据，北京市碳价最高达 77 元 /t，如果全部转嫁到终端消费者，上网电价将增加 16.3% ~ 19.0%。天津市碳价最高达 50.1 元 /t，上网电价将增加 12.5% ~ 14.1%。研究表明，尽管目前我国煤电行业实施碳减排面临挑战，它也可能是未来抢占市场竞争制高点的机会。

5.1.2 碳排放强度计量

碳排放强度计量是激励燃煤发电企业碳减排和排放权市场交易的基础。

马忠海等运用全生命周期理论，研究20世纪90年代中期全国范围内煤电能源链的碳平均排放系数，得到每千瓦•时排放强度为1302.3 g碳当量。狄向华等研究我国火力发电燃料消耗的生命周期排放清单，得到每千瓦•时排放强度为1 070 g碳当量。王婧等基于全生命周期理论，建立模型研究建材生产的碳排放清单。这种基于全生命周期的碳排放强度计量方法趋于微观化，从而测定的排放强度具有针对性。不过，它的计量结果更具宏观政策导向价值。对于指导企业减排和监管者组织排放权市场交易，显得有些适用性不足。因为碳排放权交易市场需要的是企业实际排放强度和排放量。

从生命周期理论角度来看，它是一种增值排放量。从微观角度来看，吴晓蔚等采用在线监测法，对全国30台具有代表性的火力发电机组CO_2和N_2O进行测量。结果表明，碳排放因子主要受装机容量、燃料、机组使用年限、维护质量的影响。这种方法趋于技术化，获得的数据是第一手资料，对企业减排和排放权市场交易都具有较大价值。同时，它也存在采样数据代表性不足导致数据失真、计量成本较高，以及影响排放强度因素发生变化使测定数据失去具有代表性等问题。

进行技术化系数推算也是一种从微观角度研究碳排放强度的计量方法。刘焕章等通过研究电站锅炉的燃烧机理，建立数学模型预测了燃煤发电企业的碳排放量。蒋金荷在《中国碳排放量测算及影响因素分析》中把各地区各种化石燃料消耗量折算为标准煤，假定燃烧时碳氧化率为100%，得到相应的排放系数。

《IPCC国家温室气体清单指南》提出以详细技术为基础的部门方法和参考方法两种计算国家温室气体的方法体系，体现了宏观与微观相结合的自上而下的方法。这两种方法在温室气体排放因子计量上都采用技术化系数推算法。遵循该指南，我国《省级温室气体清单编制指南（试行）》（发改办气候〔2011〕1041 号）规定，化石燃料燃烧活动温室气体清单编制采用以详细技术为基础的部门方法（即 IPCC 方法 2）。该方法要求基于设备燃烧的特点，确定分部门、分品种主要设备相应的排放因子数据。同时规定，CO_2 排放因子可以通过考虑各种燃料品种的低位发热量、含碳量、主要燃烧设备的碳氧化率来确定。

《省级温室气体清单编制指南（试行）》规定温室气体排放量计算可以采用 IPCC 参考方法（即 IPCC 方法 1）来验证。IPCC 方法 1 规定，CO_2 排放因子的计量可以通过各种燃料品种的单位发热量、含碳量，以及燃烧各种燃料的主要设备的平均氧化率，并扣除化石燃料中非能源用途的固碳量等参数综合计算获得。对于化石燃料燃烧活动中的另外 2 种温室气体——氧化亚氮和甲烷的排放因子，《省级温室气体清单编制指南（试行）》规定，仍以详细技术为基础的部门方法来推算，如无法获得实测数据，可参考 IPCC2006《国家温室气体清单指南》提供的缺省数值来替代。

2005 年我国区域电网的参考碳排放强度见表 5−1。2005 年和 2018 年全国发电行业的碳排放强度分别为 0.848 t CO_2e/(MW • h) 和 0.593 t CO_2e/(MW • h)，其中，火电行业的碳排放强度分别为 1.045 t CO_2e/(MW • h) 和 0.842 t CO_2e/(MW • h)。

表 5−1　2005 年我国区域电网碳排放强度

区域电网	覆盖地区	CO_2 排放 / [kg/(kW • h)]
华北区域	北京市、天津市、河北省、山西省、山东省、内蒙古自治区西部地区	1.246
东北区域	辽宁省、吉林省、黑龙江省、内蒙古自治区东部地区	1.096

续表

区域电网	覆盖地区	CO_2 排放 / [kg/(kW • h)]
华东区域	上海市、江苏省、浙江省、安徽省、福建省	0.928
华中区域	河南省、湖北省、湖南省、江西省、四川省、重庆市	0.801
西北区域	陕西省、甘肃省、青海省、宁夏回族自治区、新疆维吾尔自治区	0.977
南方区域	广东省、广西壮族自治区、云南省、贵州省	0.714
海南	海南省	0.914

资料来源：《省级温室气体清单编制指南（试行）》（发改办气候〔2011〕1041号）。

5.1.3 碳减排实施情况

燃煤发电技术水平对碳排放具有较大影响，我国目前燃煤电厂在这方面还有较大技术潜力。

采用洁净煤技术提高燃烧效率，能够达到减少 CO_2 排放的目的。2011 年发达国家的煤炭入选率达到 90% 以上，而我国仅为 52%。因此，推广洁净煤技术以减少碳排放在我国有很大的发展潜力。

提高发电效率可以降低碳排放强度。通常，发电效率每提高 1%，CO_2 排放就会减少 2%。降低煤耗指标是我国燃煤电厂提高发电效率、减少 CO_2 排放的主要途径。改革开放以来，我国燃煤电厂的供电煤耗逐年下降，由 1980 年的 448 g/(kW • h) 下降为 2013 年的 321 g/(kW • h)，到 2018 年该指标进一步下降为 308 g/(kW • h)。供电标准煤耗下降的同时，厂自用电率和电网输电线损率也分别由 1992 年的 7.00% 和 8.93% 下降到 2007 年的 5.92% 和 6.85%，到 2018 年两项指标分别降至 4.71% 和 6.20%。供电标准煤耗、厂自用电率和电网输电线损率下降，有效降低了燃煤发电的碳排放强度。张近朱研究表明，目前我国电力工业体制改革，用高效、低污染、大容量机组替代低效、高污染、小容量机组具有很好的减排效果。

热电联产、超临界机组、循环流化床、整体煤气化联合循环发电（IGCC）等技术可以改善供电煤耗。代百乾等研究表明，目前热电联产每年节约 3 000 万 t 以上标准煤，减少 CO_2 排放 6 500 多万 t。他们认为，把我国约 0.78 亿 MW 的装机容量由 200 MW 纯发电机组改为热电联产机组，供电煤耗可由 340 g/(kW • h) 降至 310 g/(kW • h)，节省 1 872 万 t 标准煤，减排 0.46 亿 t CO_2。李东雄等认为，超临界机组技术的发电效率可以提高到 43.87%，供电煤耗降到 300 g/(kW • h)，能够有效减少碳排放；循环流化床技术的锅炉热效率可以提高到 90.5%，减少辅机的耗电，促进碳排放强度下降；热电联产技术的发电效率可以提高到 60% 以上，煤耗比热电分离减少 20% ～ 35%，CO_2 排放量比燃煤电厂节省 30% 以上。2011 年 IGCC 机组发电煤耗已降到 290 g/(kW • h)。由于燃煤电厂具有经营杠杆度较高、还贷机组财务杠杆较高、沉没成本较高的技术经济特征，这些技术的进一步推广应用，需要相应的政策激励机制来引导。

进入 21 世纪，发电效率方面我国已取得一些成绩，但与国际先进水平相比仍存在较大差距。李东雄等认为，目前供电煤耗仍比发达国家先进水平高 70 g/(kW • h) 左右，因燃煤电厂能源利用率较低、煤耗较高致使 CO_2 排放量居高不下。据统计，我国煤电平均能源利用率只有 30%，比发达国家平均低 6% ～ 10%。按 1998 年火电平均运行 4 811 h 计算，当时全国 2 亿 kW 燃煤机组每年比国外同容量机组多消耗 0.63 亿 t 标准煤，多排放 CO_2 约 1.6 亿 t。不同容量机组的发电煤耗相差很多。中、小火电机组在我国仍占相当大的比重，机组容量不低于 200 MW 和 300 MW 的机组分别占 50.7% 和 28.6%，而工业发达国家均在 60% 以上，日本更是高达 80%。另外，整体煤气化联合循环发电技术的热效率可以高达 42% ～ 46%，目前国内电厂的热效率多在35%左右。因此，加快高参数、大容量机组的发展，优化火电结构，促使火电技术升级和更新，可以使我国发电煤耗大幅下降，有效减少燃煤发电温室气体排放量。2014—2015年国家发展改革委等三部委相继发布《煤电节能减排升级与改造行动计划》（2014—2020年）和《全面实施燃煤电厂超低排放和节能改造工作方案》，火电结构得到较大改善，2018年全国600 MW及以上机组已达到45%。

降低CO_2排放主要包括控制CO_2产生和回收处理CO_2两种。杨杰等在分析电力工业排放CO_2的分离回收技术现状后，认为现有物理吸收法、膜分离法、O_2/CO_2富氧燃烧法回收CO_2在技术上的可行性高于可再生能源发电技术，且社会公众对这些技术的接受程度要高于核电技术。不过，目前这些技术还处于试验阶段，商业化运营面临较多的困难。比如，2019年我国各种碳捕集、利用与封存（CCUS）项目脱碳规模为300万t CO_2e左右，相对于115亿t CO_2e的排放总量，仅占0.03%。在我国燃煤电厂发电效率较低，“脱硫脱硝脱汞”任务艰巨的情况下，增强上述“脱碳”技术的经济性显得特别重要。例如，燃煤电厂锅炉烟气CO_2浓度为3% ~ 15%，分离较低浓度的CO_2气体难度大，导致成本增加，而O_2/CO_2富氧燃烧技术使烟气CO_2含量达到95%左右，可以有效地降低碳捕集成本。王晓刚等分析了燃煤电厂碳减排的成本。CO_2封存包括分离、压缩、运输和封存四部分，碳减排成本取决于分离方法、运输方式和距离、封存方式、燃料价格、电厂规模、贴现率以及相关政策等多种因素。目前而言，CO_2分离捕集技术需要能量补偿，如整体煤气化联合循环电厂和粉煤单循环电厂的能量补偿分别为14%和28%，相应的发电成本分别增加40% ~ 50%和60% ~ 70%。截至2019年，我国有将近20个碳捕集项目运营，燃煤电厂仅在碳捕集环节的成本就高达300 ~ 500元/t CO_2e，加上其他费用，碳减排给燃煤电厂造成沉重的成本负担。2020年我国1 000 t/a相变型CO_2捕集工业装置实现试运行，预期可以显著降低捕集成本。

电源结构优化可以促进碳减排。根据国家《可再生能源中长期发展规划》，到 2020 年可再生能源消费量将达到能源消费总量的 15%，与 2005 年相比，可再生能源开发利用量增加 4.3 亿 t 标准煤，相当于减排 12 亿 t CO_2。我国水能、太阳能、风能等可再生能源丰富且分布广泛。据统计，我国水电可开发装机容量约 378 GW，居世界首位，20 世纪末开发利用率仅为 20%；风能资源量约 1 600 GW；地热能、生物质能、海洋能等储量也位居世界前列。2011 年全国可再生能源装机容量水电为 230 GW，风电为 47 GW，核电为 12.5 GW，光伏发电为 3 GW，可再生能源发电的减排超过 600 Mt CO_2e。2018 年，可再生能源装机容量水电为 353 GW，风电为 185 GW，核电为 44.7 GW，光伏发电为 175 GW，非化石能源发电装机容量为 776 GW，占总装机容量的 41%，电源结构进一步优化，可再生能源发电的碳减排贡献明显提高。到“十三五”末期，非化石能源消费占一次能源的 15.3%。由于技术、成本等原因，这些可再生能源还没有得到有效开发，如有足够技术支持并配以政策引导，可再生能源碳减排的前景广阔。

运用政策引导是目前我国燃煤发电企业碳减排的重要举措。张颖等认为，激励燃煤发电企业的减排工作更多地需要技术进步来支撑；但从短期来看，行之有效的减排措施集中在整顿和规范市场经济秩序、实施节能发电调度、加强需求侧管理，以及传统火电机组改造扩容等监管政策的引导。2007 年年初，国家发展改革委、能源办联合发布《关于加快关停小火电机组的若干意见》提出，改进发电调度方式，按照节能、环保、经济原则，优先调度可再生能源和高效、清洁机组发电，限制能耗高、污染重机组发电。2014—2015 年，国家发展改革委、环境保护部、能源局联合发布《煤电节能减排升级与改造行动计划》（2014—2020 年）和《全面实施燃煤电厂超低排放和节能改造工作方案》，要求全国新建煤电机组采用 600 MW 超临界机组且供电煤耗平均小于 300 g/(kW • h)，2020 年现役煤电机组的供电煤耗平均小于 310 g/(kW • h)。

这些政策促进了燃煤发电企业的碳减排工作。

在运用市场手段促进燃煤发电企业的碳减排方面，2013 年以前国内主要基于《京都议定书》的 CDM 项目交易（单位：核证减排量 CER）。根据《京都议定书》的规定，中国作为发展中国家可以采用 CDM 参加基于项目的国际温室气体排放权交易。2002 年，荷兰与中国政府就中国第一个 CDM 项目签署合同，合同规定 CO_2 排放的支付价格为 5.4 欧元 /t，项目每年平均排放 CO_2 5.14 万 t，减排期为 10 年。2003 年《中华人民共和国清洁生产促进法》正式实施，2012 年进行了修订。2004 年国家发展改革委和国家环境保护总局联合发布《清洁生产审核暂行办法》，2016 年进行了修订。2004 年国家实施《清洁发展机制项目运行管理办法》，2005 年和 2011 年分别进行了修订。截至 2007 年 12 月和 2013 年 1 月，世界各国在联合国注册的 CDM 项目分别为 890 项和 6 060 项，其中我国分别注册 147 项和 3 204 项，分别占总注册数的 16.51% 和 52.87%。2011 年国家发展改革委批准北京、天津、上海、重庆、武汉、广州、深圳等 7 市开展碳排放权交易试点，2017 年福建省也加入试点。2012 年国家发展改革委发布《温室气体自愿减排交易管理暂行办法》，实施核证自愿减排量（CCER）交易。国家发展改革委于 2014 年发布《碳排放权交易管理暂行办法》，2017 年发布《全国碳排放权交易市场建设方案（发电行业）》，推动建立全国碳排放权交易市场。生态环境部 2019 年公布《碳排放权交易管理暂行条例（征求意见稿）》，2020 年发布《2019—2020 年全国碳排放权交易配额总量设定与分配实施方案（发电行业）》。2021 年发电行业全国统一碳交易市场正式在上海环境能源交易所上线交易，首批参与交易的 2 225 家发电企业为 2013—2019 年任意一年排放达 2.6 万 t CO_2e 的重点碳排放单位。目前碳交易价格在 48 ~ 56 元 /t CO_2e，交易规模波动较大。考虑 2011 年以来 8 个试点省（市）的区域碳市场，价格在 1 ~ 100 元 /t CO_2e，价格和成交量的波动都比较大。

5.2　中国燃煤发电企业碳减排问题分析

结合以上分析，目前我国燃煤发电企业在碳减排方面还存在以下问题。

第一，运用各种政策监管手段来激励发电商减排有待改进。目前燃煤发电企业采取的节能减排措施已经在碳减排方面带来了良好的效果：电源结构优化的角度鼓励可再生能源发电、对装机容量在 10 MW 以下小火电机组采取关停措施、煤电机组节能减排升级改造；从节能发电调度的角度对风能等可再生能源发电和热电联产机组给予优先调度、规定火电机组和水电机组为发电调度系统提供可靠性和灵活性的措施；从提高供电效率的角度降低网损率、降低厂自用电率、提高热效率的措施，都具有碳减排的功能。但是如何协调这些措施以及相关利益主体还需要进一步改进。例如，风能、太阳能等新能源发电具有间歇性供电特征，如果在基荷或腰荷层面调度这些电能，则可能影响电力网络的稳定运行，影响火电调度；电力普遍服务的条件下为了保证电力网络的可靠性和灵活性，对火电机组和水电机组的补偿问题；实施节能发电调度计划时采取增加大容量低排放机组的利用小时数和减少发电系统的旋转备用容量等问题。上述监管措施对电网公司和相关燃煤电厂而言不一定符合其利润最大化的要求。

第二，运用市场手段来激励发电商减排还做得不够。在电力市场建设方面，尽管国家电监会提出建立区域批发竞争的目标电力市场，但还处于起步阶段。充分发挥我国省级电力市场和区域批发竞争电力市场的公平性和效率性来促进发电商优胜劣汰，实现资源高效配置，还有很多工作要做。与此同时，要有效地减少燃煤发电企业的碳排放，排放权市场的建立和完善是必不可少的。尽管2021年已经启动了发电行业全国统一碳交易市场，但是在碳计量、碳监测、碳报告、碳审计、碳金融等方面的任务还比较艰巨。进一步地，作为生产要素市场的碳排放权交易市场和作为产品市场的各类型电力市场要实现协调运行（措施协调和相关主体利益协调）更需要长期的共同努力。

第三，高效节能、低碳燃煤发电技术的研发、推广应用，以及 CCUS 技术的引进吸收需要相应的激励机制来推动。尽管洁净煤技术、大容量超临界机组技术、热（冷）电联产、循环流化床燃烧等技术已经被一些燃煤电厂采用，但推广面还有待进一步扩大。王志轩研究表明，从发电结构来看，目前我国煤电比重过高、核电及可再生能源比例过低、机组平均容量偏小、热（冷）电联产比例小；从资源消耗来看，我国火电平均供电煤耗与世界先进水平 320 g/(kW•h) 相比，相差 37 g/（kW • h），输电线损率比国际先进电力公司高 2.0% ~ 2.5%，与国际先进水平相比，我国燃煤发电技术水平还有较大的差距。经过 2007 年关停小火电机组、2014 年实施煤电节能减排升级改造后，这种情况有了较大的改善，但是还需要相应的激励机制来引导。O_2/CO_2 富氧燃烧和 CCUS 等技术，目前还处于研发、引进、试验阶段，大规模商业化运营还有较长的路要走。同时，无论是新建还是已有燃煤电厂在面临技术选择时，都存在较大的固定资产投资且回收期较长，存在还贷的机组还面临搁置成本的补偿问题，这些现实情况增加了燃煤电厂采用先进技术和实施技术改造的投资风险和经营风险。因此，监管者需要采取相应的激励机制来引导燃煤电厂在这方面的投资。

第 6 章　煤电行业碳减排市场组合设计

基于第 2 ～ 5 章的理论和现实依据，针对燃煤发电企业的碳减排问题，本章设计煤电行业碳减排市场组合。首先，分析新市场组合适用环境的基本假设。其次，界定新市场组合涉及的相关变量。最后，描述新市场组合的框架结构，简要说明其运行机理。

6.1　基本假设

为规范理论研究工作，阐述煤电行业碳减排市场组合及其运行机理，首先对新市场组合的适用环境进行基本假设：

（1）发电侧开放，区域电网公司为单一购买者，竞标者都是独立发电商，全电量参与竞价。

这与第 2 章对本书适用电力市场的界定相一致。根据《关于区域电力市场建设的指导意见》（电监市场〔2003〕21 号）的规定，区域电力市场的目标是构筑政府监管下统一、开放、竞争、有序的电力市场体系。它分为统一市场和共同市场两种基本模式。前者是一个区域设置一个电力市场运营机构，电能交易和价格在该运营机构内形成。后者是一个区域设置一个区域市场运营机构和若干分支机构，电能交易和价格在各运营机构内形成。从最优化和电力市场改革逐步推进两个角度，后者是向前者过渡的一种基本模式。

按照《国务院关于印发电力体制改革方案的通知》(国发〔2002〕5号)和《中共中央 国务院关于进一步深化电力体制改革的若干意见》(中发〔2015〕9号)的规定，实行厂网分开，所有发电商都成为独立发电商。调频服务和自动发电控制服务逐步建立辅助服务市场。

区域电力市场的主要交易方式采取合约交易为主，现货交易为辅的规则。前者可以按周、月、季、年或一年以上时段来组织市场交易，通过竞价方式形成交易合约，竞价电量的比例由电力监管机构确定。随着电力市场的发育和改革的深化，竞价电量的比例逐步扩大；后者可以采取全电量竞价和部分电量竞价方式。全电量竞价是参与竞价上网机组的全部电量均在现货市场竞价，其中大部分电量由购售电双方签订差价合约(CFD)。部分电量竞价是参与竞价上网机组的一定比例的电量参加现货市场竞价，大部分电量由购售电双方签订物理合同。

(2) 电力市场只有燃煤发电机组，有多个发电商，每个发电商拥有1台机组；当年不增加装机容量，市场可用发电容量超过峰荷时的电力需求。

按一次能源分类，发电技术可以分为燃煤发电、燃油发电、燃气发电、核能发电、太阳能发电、水能发电、风能发电、生物质能发电、海洋能发电、地热能发电等。我国以煤为主体的能源结构决定了目前和今后相当长时期内的电能生产都将依赖于燃煤发电。假定电力市场只有燃煤机组可以使发电商的成本结构趋于一致，从而不必考虑优先调度风能、太阳能、海洋能、水能、生物质能、地热能、核能发电，最后调度燃油发电机组等调度序列安排，以及价格扶持等监管政策差异的影响。

整体上天然气发电的碳排放强度是燃煤发电的52.3%左右。尽管本书碳减排市场组合可以包容非零排放强度的发电技术，但天然气发电的成本结构和排放强度与燃煤发电存在一定差异，且在电力市场中其所占比重较小。同时，在我国区域电力市场试点中，2004年1月试运行的东北区域电力市场的竞价机组为与东北电网接网的 100 MW 及以上的火电机组；2004 年 5 月试运行的华东电力市场的竞价发电商为单机额定容量 100 MW 及以上的燃煤电厂。因此，煤电行业碳减排市场组合中假定电力市场中没有燃气发电技术，而新市场组合的发电商特指燃煤发电企业。

东北区域电力市场的竞价以发电商为单位进行报价，华东电力市场以机组为单位提供报价曲线。由于报价曲线的形成会受到成本的影响，因此，后者存在不同机组之间的成本分摊难的问题。从电力系统经济调度和激励机制设计的角度来看，以发电商为单位参与市场竞争，符合个人理性，具有激励相容性。因为以机组为单位参与市场竞争时，发电商拥有多台成本结构不同的机组，该发电商可组织形成合谋团体，隐藏真实成本信息，运用经济囤积或物理囤积的方式行使市场力。假定每个发电商拥有 1 台机组，机组燃料耗量特性函数与发电商的燃料耗量特性函数相同时，可简化新市场组合理论模型的复杂性。发电商拥有多台机组时，可通过各机组的燃料耗量特性函数推导出综合燃料耗量特性函数，通常是分段非线性函数。

在实践中，电力系统以及发电商基于中长期能力建设的考虑，会根据规划不断地增加装机容量。在给定的电力市场，增加装机容量会改变发电商的成本序列以及碳排放强度，同时会改变发电商在碳排放权交易市场和电力市场的竞争力。新增装机容量投入运营的月份不同，会影响发电商的年度竞价决策行为。该因素虽然不影响煤电行业碳减排市场组合的基本目的和机理，但是增加了发电商在初始排放权市场和批发电力市场的决策模型的复杂性。

可用发电容量是发电机组在某一特定时间段向电网提供的实际发电容量和备用容量之和，它反映了机组的实际发电能力。年可用发电容量根据机组额定容量和年可用小时数计算，年可用日历小时数减去计划检修小时数和非计划停运小时数。在市场可用容量不足时调度机构可以运用三级负荷管理规则实施拉闸限电，或运用电力不足概率（LOLP）等方法进行价格管理来保证电力系统的安全稳定运行。从微观经济学的供求理论和激励机制设计的个人理性两个角度发现，如果发电商知道市场可用容量不足就会增强行使市场动机，该动机随需求侧管理(DSM) 难度的增加而增加。因此，在新市场组合假定市场中可用容量超过峰荷时的电力需求。

(3) 采用两部制电价，容量电价不影响竞价行为；竞价方式采取一级密封量价组合拍卖，结算采用统一价格(MCP) 支付。

按照电能在电力系统传输的过程，电价分为上网电价、输电电价、配电电价和销售电价。在上网电价制定中，把电价分为容量电价和电量电价两部分，称为两部制电价。其中，容量电价部分用于回收固定成本，电量电价部分用于回收变动成本。后者根据实际交易电量计费。电力市场化条件下，两部制电价可以在投资者、发电商、电网公司之间形成电力系统和电力市场健康稳定发展的契约。投资者预期的投资行为可以按一定回报率和年限获得稳定的收益流，从而减小了长期投资的风险；发电商为了增强市场竞争力，发挥规模经济效应，也有动力吸引投资；电网公司作为单一购买者，可减少发电商因固定成本差异而导致电力市场价格大幅度上升的风险。

煤电行业碳减排市场组合，采用一级密封量价组合拍卖的竞价方式。这种竞价方式可以发挥一级密封拍卖具有公平竞争的优势；同时，以价格和数量两个决策变量参与投标申报给发电商自由来应对信息非对称和不确定性的竞争，体现激励机制设计的个人理性和激励的相容性。结算方式则采用统一价格，支付可以体现公平性。同时，针对数量和价格组合拍卖，发电商的申报曲线是非初等样条函数的特点，新市场组合在初始排放权市场和电力市场分别采用临界价格区间(ECPR) 上限和均衡向量空间(EVS) 下限，从而确定排放权和电力市场的出清价格。从发挥结算价格与报价无关的统一价格拍卖具有减少市场力的优势来看，又可以产生二级密封拍卖把边际发电商带来的边际收益分配给环境监管者和电力监管者，因此增加社会福利的机制效应。

（4）电力监管优先原则：电力监管者应确定负荷预测曲线，发电商通过初始排放权市场获得碳排放权；然后在电力市场交易电能，同时进行排放权二次交易。

电力工业是国民经济的基础产业，其首要任务是保证国民经济发展的电力需求。尽管应对全球气候变化、实施温室气体减排是煤电行业必须承担的责任，但从这个产业的存在的价值来分析，减排不应该成为其首要任务。因此，新市场组合在针对煤电行业设计碳减排市场组合时，应把电力监管放在优先位置，环境监管次之。具体地说，电力监管者应首先根据国民经济发展和电网输电效率等因素确定当年电网公司的电能需求量，并确定市场力、价格范围等电力市场健康运行的监管政策。在此基础上，环境监管者结合碳减排对燃煤发电企业的要求、燃煤发电企业的碳排放强度等因素，确定上网电量的标准排放强度、初始排放权市场的供给函数等信息。新市场组合规定发电商在电力市场进行决策时，可以运用排放权二级市场来选择排放权的使用取向，以及申购不足的数量。这种电力协调监管组织和手段可以在保证电力需求的前提下，有效地激励发电商减少碳排放，实现经济、电能与环境协调发展。

（5）每个发电商的上网电量不超过固定市场份额。

电力监管者对发电商市场力的约束是促进电力市场健康稳定运行，提高市场资源配置效率的主要工具。在《国务院关于印发电力体制改革方案的通知》（国发〔2002〕5 号）文件中规定，每个发电商在各电力市场的份额不得超过 20%。这是基于 TOP-m 份额思路的市场力监管。这种市场力监管对中长期电力市场适用较好，因此，新市场组合采用这种方式作为市场力的监管工具。

从第 7 ～ 10 章的分析可知，新市场组合可以激励发电商在给定公开信息、私人信息、确定信息和不确定信息的条件下，以追求期望利润最大化方式参与市场竞争。从而，新市场组合可以避免发电商之间公开或默契同谋。在市场拍卖中，电力监管者和环境监管者拥有特定的信息优势，发电商与他们之间可能出现同谋，扰乱竞争秩序。因此，新市场组合假定他们之间不存在同谋的问题。

（6）信息不对称：每个发电商都不知道其他发电商的成本信息，从而也就不能运用各种预测技术准确地预测市场价格。初始排放权交易中，发电商只能按照自己成本、排放强度、厂自用电率电力监管者与环境监管者公布的信息以及作为信息的决策程序进行量价申报决策。

从博弈角度，完美信息要求参与者在决策前知道博弈进程和所有参与者的所有信息，不存在信息的不确定性和不对称性。对称信息所有参与者知道所有参与者的信息，不存在信息的不对称性，但是可以存在所有参与者共知的不确定性信息。信息不对称指至少存在一个参与者拥有私人信息的博弈。后者既可以包括存在信息不确定下的不对称性，也可以包括不存在信息不确定下的不对称性。这种信息假设更符合现实，因此，更具有实用性。

在新市场组合下，发电商参与市场竞争时不但面临信息的不对称性，而且在初始排放权市场作排放权数量和价格的决策时还面临自身发电运行有功功率和电价的不确定性，在批发电力市场作电量和电价的决策时还面临自身发电运行有功功率和排放权二级市场交易的不确定性。信息不对称性和不确定性的存在，增强了运用新市场组合来激励燃煤发电企业实施碳减排的适用性。

（7）理性人假设：发电商充分利用信息、市场力等各种资源追求利润最大化。

管理学中，对人性有经济（理性）人、社会人、自我实现人和复杂人四种基本假设。经济（理性）人假设构成传统西方经济学的基本假设。社会人假设是现代行为金融、行为经济学、行为运筹学等行为科学的基本假设。自我实现人假设是追求自我实现是现代管理的重要方法。基于复杂人假设的权变理论是现代管理理论的重要内容。

不同人性假设对发电商参与市场竞争的决策行为会产生不同的影响。企业在诸如树立形象和品牌，以及承担社会责任等活动中存在一些不以追求利润最大化为目标的情形；企业经营的程序化决策和非程序化决策都可能受到非理性因素的影响。虽然这些都是客观存在的经济现象，但是从企业以营利为目的的角度从事生产经营活动，对发电商作理性人假设更符合现实。

新市场组合的理性人假设中的“理性”既具有西蒙的有限理性内涵，又具有卢卡斯的理性预期内涵。即发电商作价格和数量申报决策时，不刻意追求决策所需的所有信息，并且都会基于相应的理论模型。

（8）煤电行业碳减排市场组合设计不考虑旋转备用、冷备用、调频服务、无功服务、黑启动等辅助服务市场，也不考虑电气元件的技术约束与电网潮流分布。

各类辅助服务是电力系统安全、稳定、可靠运行等的必要条件。伴随电力市场化的深入改革，政府将会逐步建立相应的辅助服务市场，实现资源优化配置。从经济、电能与环境协调发展和最优化的角度来看，这些市场也存在和电力市场、排放权市场的协调问题。这与新市场组合的基本目的和思路是一致的。

电力网络由电气元件和网络拓扑结构组成。输配电网络的电气元件包括变压器、导线及其布局、各种无功补偿装置，以及各种电能计量装置等，网络拓扑结构包括单回放射式、干线式、链式网络和双回放射式、干线式、链式网络，以及环网和两端供电等网络。不同的电气元件组合构成不同物理性能的 RLC 电路、不同的网络拓扑结构、网络节点负荷不同，都将影响电力网络的潮流分布，影响电力市场的资源优化配置。

为简化研究工作，专注于综合运用激励性机制设计理论、组合拍卖理论、供给函数均衡理论设计出煤电行业碳减排市场组合，暂不考虑上述辅助服务市场和电力网络的技术经济特征，而是将其视为新市场组合的外生变量。

（9）不考虑零排放问题。

在只有燃煤发电技术的电力市场中，不考虑零排放比较符合现实。即使发电商采用富氧燃烧和碳捕集与封存等技术手段，也很难把排放强度降为零。

6.2 变量选择

在上一节基本假设下，为了运用数学模型描述煤电行业碳减排市场组合，以及刻画发电商在新市场组合中的决策行为，本节对模型涉及的相关变量进行解释。

π_j：不考虑容量电费下第 j（$j=1,n$）个发电商的期望利润，单位为元。

W_j, $W^{(D)}$：第 j 个发电商申报的发电量、电力监管者公布的预测负荷需求量，单位为兆瓦•时 (MW•h)。

$F_j(P_j)$：第 j 个发电商的燃料耗量特性函数，一般情况下它是有功功率的凸增函数，即（$\mathrm{d}F_j/\mathrm{d}P_j>0 \cap \mathrm{d}^2F_j/\mathrm{d}P_j^2 \geqslant 0$）。下文取 $F_j(P_j)=a_j+b_j \cdot P_j+c_j \cdot P_j^2$，单位为吨／小时（t/h）；其中 a_j、b_j 和 c_j 是燃料耗量特性函数的系数。从已有文献中可以看出，这种燃料耗量特性函数被广泛用于电力系统的研究。

T_j：第 j 个发电商的机组年检修时间和非计划停运时间之和，单位为小时 (h)。

ρ_{ej}，ρ_{ej}^*，ρ_e^*；ρ_{wj}，ρ_w^*；ρ_{cj}：初始排放权市场中第 j 个发电商的报价，开机边际排放收益 (Sstart−generate Marginal Emission Revenue，SMER)，市场均衡价格 (MCP)；电力市场中第 j 个发电商的报价，开机边际发电成本（Start−Generate Marginal Power Cost，SMPC)，市场均衡价；第 j 个发电商的燃煤价格。加上（下）画线为该变量的上（下）限。单位为元／MW•h、元／t。

s_j，s：第 j 个发电商的厂自用电率，电力市场的综合网损率。其中 $s_j=\dfrac{W_j^{(Self)}}{W_j}$，$s=\dfrac{W^{(Loss)}}{W^{(D)}}$，$W_j^{(Self)}$为发电商的厂自用电量，$W^{(Loss)}$为输配电网的电能损耗量。

厂自用电量是发电厂在生产电能过程中，用于带动锅炉、汽轮机、发电机、磨煤机、除尘器等主辅设备运行所消耗的电能。它包括发电厂一次接线和二次接线系统消耗的电能，一般不包括厂内居民生活用电部分。厂自用电率是发电厂运行的主要经济指标之一。输配电网的电能损耗量包括导线损耗的电能、变压器损耗的电能、各种无功补偿装置消耗的电能、各种电能计量装置消耗的电能，以及输配电管理系统消耗的电能等。综合网损率是电网运行的主要经济指标之一。

E_j，$E^{(S)}$；e_j，e：初始排放权市场中第 j 个发电商的申报排放权数量，环境监管者公布的排放权总量；第 j 个发电商的碳排放强度（排放绩效），环境监管者公布的上网电量的标准排放强度（标准排放绩效），式中，$e=\frac{E^{(S)}}{W^{(D)}\cdot(1+s)}$，单位为 t、t/MW • h。

P_j，$\underline{P}_j$，$P_j^{(N)}$：第 j 个发电商的机组运行有功功率，最低有功功率技术出力，额定有功功率。单位为 MW。

t_j，t：电力市场中发电商的市场份额和电力监管者公布的发电商市场力比率。式中，$\tau_j=\frac{W_j}{W^{(D)}\cdot(1+s)}\leqslant\tau$。

m_j：排放权市场中第 j 个发电商的排放绩效松弛变量因子，$e_j\cdot(1+m_j)=e$。该因子在新市场组合中具有对发电商改善（降低）排放绩效进行激励（惩罚）和促进环境系统与电力系统协调运行两种功能。比如，当环境监管者确定的上网电量的标准排放强度较低时，发电商可能会面临较严峻的碳排放权约束，从而在初始排放权市场竞价时有提高报价上限的倾向；反之亦然。

α，β：环境监管者公布的排放权价格惩罚因子与排放权二次交易成本率。式中，$0<\alpha$，$\beta\leqslant 1$。包括 EU ETS、英国 ETS、挪威 ETS、丹麦 ETS、瑞士 ETS、澳大利亚新南威尔士 ETS 等国外碳排放权交易市场都规定了对超额排放实施惩罚的条款。从惩罚力度分析，EU ETS 和英国 ETS 的力度较大，并有进一步加大的倾向。惩罚方式有对超额排放量征收碳税、利息、减少下一

阶段的排放权配额等。本书在设计超额排放的惩罚方式时按排放权市场价格的一定比例对其所有排放量征收碳税。同时，发电商在排放权二级市场购买不足的排放权数量时，环境监管者收取基于成交价格一定百分比的从价税，由此形成排放权二级市场的交易成本。这两方面可以促进碳排放量大的发电商积极致力于降低排放强度，有效减少燃煤发电企业的排放量。

6.3 煤电行业碳减排市场组合设计

基于第 2 ～ 5 章关键概念界定和相关理论综述，电能与环境协调发展实证研究，国内外燃煤发电企业碳减排实践的成功经验和不足，针对我国燃煤发电企业在面临市场化改革和应对气候变化的双重背景下，如何确保在满足国民经济对电力需求的前提下，提高资源配置效率，有效地激励发电商降低碳排放强度，实现电能生产与环境协调发展的问题，本节设计了煤电行业碳减排市场组合，如图 6–1 所示。

从微观经济学的要素市场和产品市场来看，碳排放权作为发电商进行电能生产不可或缺的生产要素，主要通过初始排放权市场和排放权二级市场来配置。电能生产主要通过批发电力市场来配置。新市场组合把初始排放权市场、排放权二级市场、批发电力市场组合起来，设计相应的个人理性、激励相容性和可行性规则集。可以实现电能生产配置引导碳排放权要素配置，碳排放权配置服务于电能生产配置，促进电力市场与碳排放权交易市场的协调运行，激励发电商在保证国民经济发展所需电力的前提下有效地减少碳排放。

如图 6–1 所示，煤电行业碳减排市场组合把实现保证国民经济所需电力的前提下，发挥市场在资源配置中的决定性作用，有效地激励发电商减少碳排放的目的设计为由“电力监管者、环境监管者、发电商在初始排放权市场

电力监管者公布监管信息

负荷需求、综合网损率、上网电价范围、市场力比率

环境监管者公布监管信息

排放权供给量、排放权价格范围、上网电量标准排放强度、排放权二级市场交易成本率（交易费率）、排放权价格惩罚因子

初始排放权市场（结合排放权二级市场）

市场规则：

(1）采用一级密封量价组合拍卖的方式来组织初始排放权市场的拍卖活动

(2)排放权定价(MCP)和排放权在中标发电商之间分配采用临界价格区间(ECPR)规则，具体见第 8 章

(3）排放权二级市场交易：发电商可以把竞得的排放权在二级市场上交易，也可以向环境监管者申购不足的排放权数量。但前者只限于发电商之间，且买方需向环境监管者交纳基于交易价格的二级市场交易成本；后者的交易价格由排放权 MCP 价格、价格惩罚因子和二级市场交易成本构成，是排放权交易的最高价格

发电商：

基于本阶段能够获得的公开和私人信息、确定和不确定信息向环境监管者提交排放权最优需求函数

批发电力市场（结合排放权二级市场）

市场规则：

(1）采用一级密封量价组合拍卖的方式来组织电力市场的拍卖活动

(2）上网电价的确定（MCP）和负荷在中标发电商之间分配采用均衡向量空间（EVS）规则，具体见第 10 章

发电商：

基于本阶段能够获得的公开和私人信息、确定和不确定信息向电力监管者提交电能最优供给函数。同时，通过排放权二级市场来完成排放权的优化配置

图 6−1　煤电行业碳减排市场组合基本框架

进行量价申报（结合排放权二级市场）、环境监管者确定中标决定、发电商在电力市场进行量价申报（结合排放权二级市场）、电力监管者确定中标决定和环境监管者组织排放权二级市场交易”构成的动态过程。

结合式（2–7）～式（2–10）电力系统激励机制设计的要求，该动态过程主要属于激励相容性规则集 $\mathrm{IC}(R_{ic})$ 的内容。电力监管者和环境监管者公布相关信息、电力协调监管、排放权市场分为初始排放权市场和排放权二级市场、超额排放惩罚规则，以及排放权二级市场交易规则和交易成本率，主要属于可行性 $F(R_f)$ 和激励相容性规则集 $\mathrm{IC}(R_{ic})$ 的内容。初始排放权市场和电力市场采取数量和价格都不确定的一级密封组合拍卖方式，以及前者的临界价格区间（CEPR）精炼规则和后者的均衡向量空间（EVS）精炼规则，主要属于激励相容性规则集 $\mathrm{IC}(R_{ic})$ 的内容。新市场组合个人理性 $\mathrm{ID}(R_{id})$ 规则集体现在：发电商在初始排放权市场根据本阶段能够获得的各类信息，以提供最优需求函数的方式参与拍卖，获取发电所需的排放权数量；在电力市场根据变化了的各类信息，考虑排放权的使用取向，以提供最优供给函数的方式参与拍卖，获取上网电量。

具体来看，新市场组合的运行机理包括以下环节：

首先，新市场组合的运行始于电力监管者公布电力监管信息。这些信息包括年负荷需求预测（$W^{(D)}$）、上网电价的范围（$\overline{\rho}_w$，$\underline{\rho}_w$）、市场力比率（τ）以及输配电网的综合网损率（s）等。这些信息反映了经济发展、电力市场的健康稳定运行和第 6.1 节基本假设下电力系统的技术经济约束。排放权市场和电力市场满足这些要求有利于促进经济、电能与环境协调发展。

其次，环境监管者在电力监管信息的基础上，结合国家应对气候变化对燃煤发电企业碳减排的分阶段要求、燃煤电厂的碳排放水平，公布环境监管信息。这些信息包括上网电量标准排放强度（e）、初始排放权市场供给量（$E^{(S)}$）、排放权价格的范围（$\overline{\rho}_e$，$\underline{\rho}_e$）、排放权价格惩罚因子（α）、排放权二级市场的交易成本率（β）等。

如图 6–1 所示，标准排放强度（e）的计算未包括各发电商的厂自用电引致的碳排放量，然而发电商的排放强度（e_j）的计算涉及其上网电量和厂自用电两部分发电量带来的碳排放量。如果$e_j > e$，发电商的全部排放量都会面临价格惩罚。这条规则可以激励发电商改善经营管理，投资于 CCUS 和 O_2/CO_2 富氧燃烧等脱碳技术，降低碳排放强度。具有式 (2–9) 和式 (2–10) 激励机制设计的激励相容性和个人理性。

新市场组合在碳排放权交易市场和批发电力市场中都运用了价格范围的监管工具，这种市场设计可以克服由于价格波动过大引发的系统风险，有利于促进两类市场的健康稳定发展。

如图 6–2 所示，新市场组合允许排放权进行二次交易，但是规定了较高的二级市场交易成本。在电力市场作电能价格和数量的申报决策时，发电商为了追求期望利润最大化，相互之间可以进行排放权二次交易，也可以直接向环境监管者申购。但对于前者，买方需要向环境监管者交纳基于成交价格和二级市场交易成本率（β）的二次交易成本；对于后者，买方需要承担由排放权价格、价格惩罚因子和二级市场交易成本率构成的最高价格。这是因为燃煤发电企业的首要任务是满足国民经济发展所需的电力。为促进电能与环境的协调发展，有时需要适当地增加碳排放量以确保上网电量满足负荷需求。但在这种情况下，环境监管者可以对那些排放强度高的发电商实施价格惩罚，把部分利润作为社会福利转移给环境监管者。

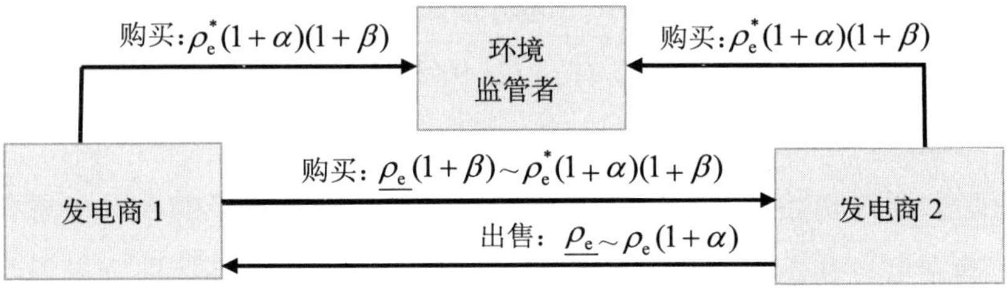

图 6–2　排放权二级市场交易：成本与收益

再次，在上述公开信息和作为共同认知交易程序的基础上，环境监管者组织初始排放权市场的拍卖活动，实现排放权初步有效配置。如图 6–1 所示，发电商为实现以最具成本优势的方式获得必要的排放权，需要向环境监管者提交排放权申报数量和价格曲线参与市场竞争。结合第 7.2 节发电商的最优需求函数可知，本阶段的投标语言是以向量函数表示的原子投标。

为给发电商留下更大的决策空间来应对信息不对称和不确定性以及复杂情形，初始排放权市场允许发电商以数量和价格作为战略性决策变量。这条规则与古诺模型（伯川德模型）只允许发电商以数量（价格）作为战略性决策变量相比，能够更好地发挥市场对资源配置的决定性作用。同时，两个变量之间可以呈初等函数关系，也可以呈样条函数等非初等函数关系。相对于目前文献中的供给函数均衡模型，新市场组合给发电商的自由度更大，更具有激励相容性。

显然，发电商在初始排放权市场的决策是基于本阶段能够获得的公开信息和私人信息、确定信息和不确定信息来进行的。该市场的均衡状态，排放权定价 (MCP) 和中标发电商之间的分配按临界价格区间 (ECPR) 规则来确定。从第 7 章的分析可知，该规则可以在合理的区间内提高初始排放权市场的出清价格，把排放权优先配置给最具减排优势（开机边际排放收益 SMER 较高）的发电商。ECPR 定价规则通过增加发电商的排放权要素成本，激励发电商有效地使用该生产要素，可以产生二级密封拍卖方式下边际中标者提供的社会福利转移给环境监管者的政策效果；ECPR 分配规则直接通过市场分配过程来降低燃煤发电企业的碳排放水平。这两方面都有利于激励发电商致力于改善排放强度。因此，ECPR 规则具有式 (2–9) 和式 (2–10) 机制设计的激励相容性和个人理性。

最后，通过初始排放权市场的排放权配置，在变化了的公开信息和私人信息、确定信息和不确定信息的基础上，电力监管者和环境监管者组织批发电力市场拍卖和排放权二级市场交易，实现电能生产优化配置和排放权有效配置。如同初始排放权市场的拍卖交易，发电商向电力监管者提交电能供给的数量、价格曲线参与市场竞争。结合第 9.2 节发电商的最优供给函数可知，本阶段的投标语言是以样条函数表示的 OR 投标。电力市场选择一级密封量价组合拍卖的原因，前已述及，此处不再赘述。

从动态规划的角度来看，由于排放权要素已获得市场定价，得到初步有效配置，发电商在此阶段进行决策时面临的不确定性减少。

如图 6–1 所示，发电商在作电力市场申报决策时，可以考虑排放权的使用取向，即是否参与排放权二级市场交易；如果参与，是卖出还是买入；如果要买入，是向其他发电商购买，还是直接向环境监管者申购。如图 6–2 所示，排放权二级市场的不同交易过程会面临不同的交易成本和价格。这种排放权二级市场及其交易规则设计可以激励发电商运用各种资源追求期望利润最大化，并抑制发电商运用排放权实施投机行为来获取暴利。同时，可以克服排放权价格飙升引致的电力市场电价飙升。

在电力市场均衡状态下，上网电价 (MCP) 的确定和负荷在中标发电商之间的分配采用均衡向量空间 (EVS) 规则。从第 10 章可知，该规则在合理的区间内适当地降低了电力市场的出清价格，并且把上网电量优先配置给最具有综合经营优势 (SMPC) 的发电商。EVS 定价规则通过收益管理的方式，来激励发电商降低单位上网电量的成本；EVS 分配规则直接通过市场分配过程来提高电能生产的配置效率。这两方面都有利于激励发电商致力于改善碳排放强度、单位发电量的期望燃料成本、厂自用电率，从而提高综合经营优势。

综上所述，煤电行业碳减排市场组合设计在第 6.1 节的基本假设下，可以满足电力系统激励性机制设计的可行性，新市场组合规则集符合式 (2–7) ～式 (2–10) 电力系统激励机制设计的要求，满足式 (2–11) ～式 (2–15) 经济调度的要求，可以在保证国民经济所需电力的前提下，有效地激励发电商减少碳排放。

下一章将对发电商在新市场组合下，决策形成、市场均衡以及特征进行理论研究和定量分析，对主要结论运用数值模拟进行检验。

第 7 章　初始排放权市场中发电商决策行为分析

第 6 章综合运用相关理论，设计了煤电行业碳减排市场组合。新市场组合要求发电商以数量和价格都不确定的一级密封组合拍卖方式来参与初始排放权市场的竞争。本章运用组合拍卖理论和供给函数均衡理论建立发电商在该市场量价申报决策的数学模型，求解出发电商的最优需求函数，进一步分析发电商在初始排放权市场决策行为的主要特征。

7.1　初始排放权市场中发电商决策模型

如图 6–1 所示，新市场组合把在保证国民经济电力的前提下提高资源配置效率，有效激励发电商减少碳排放为目的，设计电力监管者公布电力监管信息、环境监管者公布环境监管信息、发电商在初始排放权市场进行量价申报（结合排放权二级市场）、环境监管者确定中标决定、发电商在电力市场进行量价申报（结合排放权二级市场）、电力监管者确定中标决定和环境监管者组织排放权二级市场交易的动态过程。从要素市场和产品市场资源的配置角度来看，该过程可以分为排放权配置和电能生产配置两个动态环节，具体包括初始排放权市场、排放权二级市场、批发电力市场。

从第 6.3 节的定性分析可知，为获得碳排放权生产要素，发电商的最优决策是通过初始排放权市场的拍卖交易购买必要的排放权数量。结合图 6–1 新市场组合框架和第 6.1 节基本假设第（2）～（7）项以及第（9）项，发电商在初始排放权市场的量价决策可以描述为式（7–1）～式（7–8）的随机参数线性规划模型。在此阶段决策时，发电商会依据竞得的排放权在电力市场产生的收益、形成的燃料耗量成本、排放成本及高排放强度的排放权价格惩罚等因素进行期望利润最大化决策。本阶段，发电商所能获得的公开信息包括电力监管者公布的年负荷需求量、电网综合网损率、上网电价的范围、市场力比率，环境监管者公布的初始排放权市场供给量、上网电量的标准排放强度、排放权价格的范围、价格惩罚因子、排放权二级市场的交易成本率，以及作为共同知识的一级密封组合拍卖方式、排放权二级市场的交易规则、市场定价和出清规则等。除这些公开确定的信息外，发电商还拥有私人确定信息，包括排放强度、燃料价格、厂自用电率、机组燃料耗量特性等。由于不能获得准确的上网电价与开机运行的有功功率，发电商作决策时假定他们在允许范围内呈均匀分布。前者构成公开不确定信息，后者构成私人不确定信息。显然，两者是独立分布的。

$$\max \pi_j = \frac{E_j}{e_j \cdot (1+s_j)} \cdot \int_{-\infty}^{+\infty} \rho_w \cdot \varphi(\rho_w) \, \mathrm{d}\rho_w - E_j \cdot \rho_{ej} - \int_{-\infty}^{+\infty} \left[\left(a_j + b_j \cdot P_j + c_j \cdot P_j^2\right) \cdot \frac{E_j}{e_j . P_j} \cdot \rho_{cj} \right] \cdot \varphi(P_j) \, \mathrm{d}P_j + \min(0, m_j) \cdot E_j \cdot \alpha \cdot \rho_{ej} \tag{7–1}$$

$$
st\cdot\begin{cases}
\dfrac{E_j}{e_j\cdot\left(1+s_j\right)}\leqslant\tau\cdot\dfrac{E^{(S)}}{e} & (7\text{–}2)\\
e_j\cdot\left(1+m_j\right)=e & (7\text{–}3)\\
\underline{P_j}\leqslant P_j\leqslant P_j^{(N)} & (7\text{–}4)\\
\underline{\rho_w}\leqslant\rho_w\leqslant\overline{\rho_w} & (7\text{–}5)\\
\varphi\left(P_j\right)=\begin{cases}\dfrac{1}{P_j^{(N)}-\underline{P_j}}，\text{当}P_j\in\left[\underline{P_j},P_j^{(N)}\right]\\ 0，\text{其他}\end{cases} & (7\text{–}6)\\
\varphi\left(\rho_w\right)=\begin{cases}\dfrac{1}{\overline{\rho_w}-\underline{\rho_w}}，\text{当}\rho_w\in\left[\underline{\rho_w},\overline{\rho_w}\right]\\ 0，\text{其他}\end{cases} & (7\text{–}7)\\
\underline{\rho_e}\leqslant\rho_{ej}\leqslant\overline{\rho_e} & (7\text{–}8)\\
E_j\geqslant 0 &
\end{cases}
$$

式 (7–1) 表明，在初始排放权市场一级密封量价组合拍卖中，发电商的期望收益等于期望上网电价与申报排放权数量决定的上网电量之积。式 (7–1) 后面的三项为发电商的期望成本，具体包括：①排放成本；②机组燃料耗量特性、燃煤价格、申报排放权数量决定的发电量三者构成的期望燃料成本；③自身排放绩效决定可能面临的价格惩罚。式 (7–2) 的经济意义在于，申报排放权数量决定的上网电量不应当超过电力监管者确定的市场份额。式 (7–3) 体现的是发电商依据上网电量的标准排放强度和自身排放强度确定是否会面临排放权价格惩罚，以及所面临的惩罚力度。显然，自身排放强度越高，面临的惩罚力度越大。式 (7–4)、式（7–5）和式（7–8) 分别反映了发电商的开机运行有功功率范围和上网电价范围以及排放权价格范围。式 (7–6) 和式（7–7）分别是发电商的运行有功功率和上网电价两个随机变量的密度函数。式 (7–1）～式（7–8）涉及的变量和符号在第 6.2 节进行了详细界定，此处不再赘述。

7.2 模型求解与发电商最优需求函数

本节对第 7.1 节建立的随机参数线性规划模型进行求解，得到发电商在初始排放权市场的申报曲线。

在概率论中，事件概率为 0 是该事件为不可能事件的必要条件。为便于求解，以下规定它们是充要条件关系。从而有约束条件式 (7−6) 和式 (7−7) 分别蕴含于式 (7−4) 和式 (7−5) 中。

记发电商申购排放权的边际利润为 ξ_j，则

$$A=\int_{-\infty}^{+\infty}\rho_w\cdot\varphi\left(\rho_w\right)\mathrm{d}\,\rho_w \tag{7-9}$$

$$B_j\equiv\Phi\left(\rho_{cj},\mathrm{F}_j\left(P_j\right)\right)=\rho_{cj}\cdot\int_{-\infty}^{+\infty}\left[\frac{\mathrm{F}_j\left(P_j\right)}{P_j}\right]\cdot\varphi\left(P_j\right)\mathrm{d}P_j \tag{7-10}$$

式 (7−9) 为期望电价，式 (7−10) 为单位发电量的期望燃料成本。把式 (7−3)、式 (7−6)、式 (7−7) 代入目标函数式 (7−1)，有

$$A=\frac{\underline{\rho_w}+\overline{\rho_w}}{2} \tag{7-11}$$

$$B_j=\frac{\rho_{cj}}{P_j^{(N)}-\underline{P_j}}\cdot\left[\left(a_j\cdot\mathrm{In}\left(P_j^{(N)}\right)+b_j\cdot P_j^{(N)}+\frac{c_j}{2}\cdot\left(P_j^{(N)}\right)^2\right)-\left(a_j\cdot\mathrm{In}\left(\underline{P_j}\right)+b_j\cdot\underline{P_j}+\frac{c_j}{2}\cdot\left(\underline{P_j}\right)^2\right)\right] \tag{7-12}$$

结合式 (7−2) 与非负约束，有

当$E_j\in\left(0,\ \tau.\dfrac{E^{(S)}\cdot e_j\cdot\left(1+s_j\right)}{e}\right)$时，

$$\xi_j=\left(\pi_j\right)_{E_j}^1=\frac{A}{e_j\cdot\left(1+s_j\right)}-\rho_{ej}-\frac{B_j}{e_j}+\min\left(0,\frac{e}{e_j}-1\right)\cdot\rho_{ej}\cdot\alpha \tag{7-13}$$

当 $E_j=0$ 时，

$$\xi_j=\left(\pi_j\right)_{0^+}^1=\lim_{E_j\to 0^+}\left(\frac{\pi_j\left(E_j\right)-\pi_j\left(0\right)}{E_j}\right) \tag{7-14}$$

当 $E_j=\tau\cdot\frac{E^{(S)}\cdot e_j\cdot\left(1+s_j\right)}{e}$ 时，

$$\xi_j=\left(\pi_j\right)_{\left(\tau\cdot\frac{E^{(S)}\cdot e_j\cdot\left(1+s_j\right)}{e}\right)^-}^1=\lim_{E_j\to\left(\tau\cdot\frac{E^{(S)}\cdot e_j\cdot\left(1+s_j\right)}{e}\right)^-}\left(\frac{\pi_j\left(E_j\right)-\pi_j\left(\tau\cdot\frac{E^{(S)}\cdot e_j\cdot\left(1+s_j\right)}{e}\right)}{E_j-\tau.\frac{E^{(S)}.e_j.\left(1+s_j\right)}{e}}\right) \tag{7-15}$$

求解式 (7−13) ～式 (7−15)，并令 $\xi_j\geqslant 0$，则发电商的最优排放权申报价格可以表示为

$$\rho_{ej}\leqslant\frac{\frac{A}{e_j\cdot\left(1+s_j\right)}-\frac{B_j}{e_j}}{1-\min\left(0,\frac{e}{e_j}-1\right)\cdot\alpha} \tag{7-16}$$

式 (7−16) 表明在初始排放权市场中发电商的申报价格存在上限约束。只要发电商的申报价格满足式 (7−16)，其申报任意一份排放权都会带来非负的边际利润。

依据图 6−1 新市场组合中排放权二级市场的交易规则，在最优申报价格约束下条件，发电商的最优申报数量趋于其上限[1]；反之，趋于其下限。结合式（7−8）对排放权价格范围的要求，可以得到发电商在初始排放权市场的最

1　因为发电商知道在第二阶段的电力市场竞报决策时，出售剩余的排放权不一定能够交易成功；购买不足数量的排放权会承担由排放权 MCP 价格、二级市场的交易费率、价格惩罚因子构成的成交价格。无论是向其他发电商购买，还是直接向环境监管者申购，该成交价格都高于初始排放权市场的均衡价格。

优需求函数：

$$E_j=\begin{cases}\tau\cdot\dfrac{E^{(S)}\cdot e_j\cdot\left(1+s_j\right)}{e}\text{；报价：}\underline{\rho_e}\leqslant\rho_{ej}\leqslant\min\left(\overline{\rho_e},\rho_{ej}^*\right)\\0\text{；报价：}0\end{cases}\tag{7-17}$$

式(7−17)表明在一定的价格区间内，发电商的最优申报数量是由市场力约束、排放权供给量、自身的排放强度和厂自用电率来确定的。如图7−1所示，在E−p_e平面上，它是最多一段的分段函数。这表明发电商在初始排放权市场的一级密封组合拍卖中，投标语言表达是以数量和价格区间表示的原子投标方式。

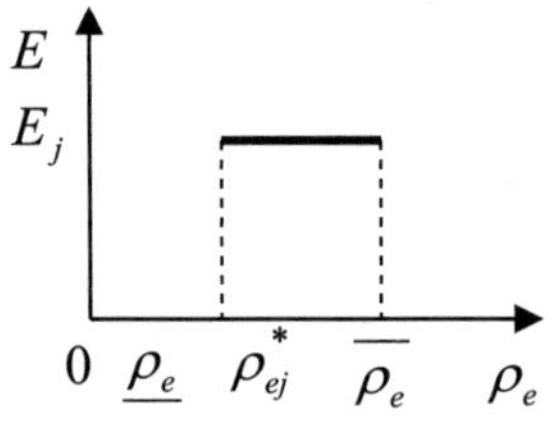

(a) ρ_{ej}^*低于$\overline{\rho_e}$

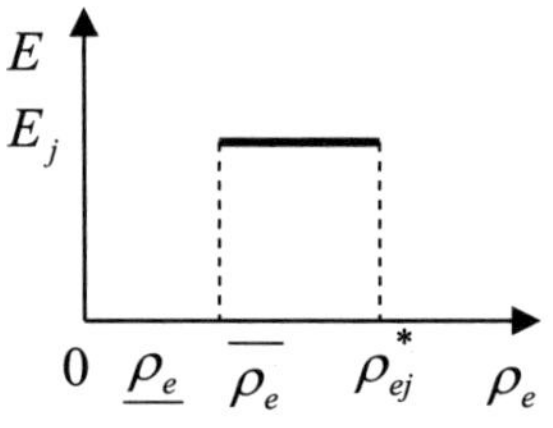

(b) ρ_{ej}^*高于$\overline{\rho_e}$

图7−1　初始排放权市场中发电商的申报曲线

式(7−17)最优需求函数是在新市场组合基本假设下，发电商依据在初始排放权市场作排放权申报量价决策时所能够获得的公开信息和私人信息、确定信息和不确定信息，以申购排放权带来期望利润最大化为决策目标得到的。因此它符合式(2−9)和式（2−10）机制设计的激励相容性和个人理性要求。所有发电商的最优需求函数构成初始排放权市场的需求函数均衡。从第7.3节和第9章的分析可知，它具有纳什均衡的稳定性。

7.3 发电商决策行为特征分析

依据第 7.2 节得到的发电商申报曲线，可以证明发电商在初始排放权市场的量价决策具有几个特征。这些特征体现出，煤电行业碳减排市场组合可以利用初始排放权市场来实现排放权资源优化配置，有效地激励发电商减少碳排放。

结合式 (7−16)，定义发电商的 SMER 函数为

$$\rho_{ej}^{*} \equiv \rho_{ej}^{*}\left(B_j, s_j, e_j\right) = \frac{\dfrac{A}{e_j \cdot \left(1+s_j\right)} - \dfrac{B_j}{e_j}}{1-\min\left(0, \dfrac{e}{e_j}-1\right).\alpha} \tag{7−18}$$

式 (7−18) 表明发电商的开机边际排放收益函数是单位发电量的期望燃料成本、自身的排放强度与厂自用电率的函数。显然，SMER 值越大，发电商在初始排放权市场中拥有的竞争优势越大。运用发电商的开机边际排放收益函数，可以得到如下结论：

命题 7.1：在初始排放权市场的组合拍卖中，发电商如果有排放权申报量，则各发电商的申报价格区间的上限按开机边际排放收益由优势到劣势构成一个有穷单调递减序列。

证明：不妨先把市场中多个发电商的开机边际排放收益按是否相等归为 m 类。其指标函数定义为

$$i = i_{k_i} = \left\{ \left(i,\ k_i\right) \middle| \begin{array}{l} i = 1\cdots m\,;\, k_i = 1\cdots K_i \\ \rho_{e,i_1}^{*} = \cdots = \rho_{e,i_{k_i}}^{*} = \cdots = \rho_{e,i_{K_i}}^{*} \\ \forall \rho_{e,i}^{*} \neq \rho_{e,r}^{*}\,;\, r \neq i \\ 1 \leqslant r, i \leqslant m\,;\, 1 \leqslant m, K_i \leqslant n \end{array} \right\}$$

式中，m 为初始排放权市场中发电商的类数；K_i为开机边际排放收益相同且

排序为第 i 类的发电商数量，有 $\sum_{i=1}^{m} K_i = n$。

由式(7—10)的 B_j 定义式和表达式得知，B_i 是第 i 类发电商的单位发电量期望燃料成本。它与机组有功功率技术约束、燃料耗量特性函数、燃料成本相关。根据燃料耗量特性函数 $F_j(P_j)$ 是凸增函数的技术经济特性，有 $b_i \geqslant 0$ $c_i \geqslant 0$，且 $b_i + c_i > 0$，而 a_i 是机组运行中不随有功技术出力变化而变化的燃料固定耗量特性。故有 $a_i > 0$，从而 $B_i > 0$，且由式(7—12)得

$$\frac{\partial B_i}{\partial \rho_{ci}} = \frac{1}{P_i^{(N)} - \underline{P_i}} \cdot \left[a_i \cdot in\left(\frac{P_i^{(N)}}{\underline{P_i}}\right) + b_i \cdot \left(P_i^{(N)} - \underline{P_i}\right) + \right.$$

$$\left. \frac{c_i}{2} \cdot \left(\left(P_i^{(N)}\right)^2 - \left(\underline{P_i}\right)^2\right) \right] > 0$$

$$\frac{\partial B_i}{\partial a_i} = \frac{\rho_{ci}}{P_i^{(N)} - \underline{P_i}} \cdot in\left(\frac{P_i^{(N)}}{\underline{P_i}}\right) > 0$$

$$\frac{\partial B_i}{\partial b_i} = \rho_{ci} > 0$$

$$\frac{\partial B_i}{\partial c_i} = \frac{\rho_{ci}}{2} \cdot \left(P_i^{(N)} + \underline{P_i}\right) > 0$$

这表明，发电商的单位发电量期望燃料成本与燃料耗量特性函数、燃料成本呈正相关。

由式(7—18)可得

$$\rho_{ei}^* \equiv \rho_{ei}^*\left(B_i, s_i, e_i\right) = \frac{\dfrac{A}{e_i \cdot \left(1 + s_i\right)} - \dfrac{B_i}{e_i}}{1 - \min\left(0, \dfrac{e}{e_i} - 1\right) \cdot \alpha} \tag{7—19}$$

于是

$$\frac{\partial \rho_{ei}^*}{\partial s_i} = \frac{-\dfrac{A}{e_i \cdot \left(1 + s_i\right)^2}}{1 - \min\left(0, \dfrac{e}{e_i} - 1\right) \cdot \alpha} < 0$$

$$\frac{\partial \rho_{ei}^{*}}{\partial e_i}=\frac{1}{\left[1-\min\left(0,\frac{e}{e_i}-1\right)\cdot\alpha\right]^2}\cdot\left[\frac{-1}{e_i^2}\cdot\left[\frac{A}{(1+s_i)}-B_i\right]\cdot\left[1-\min\left(0,\frac{e}{e_i}-1\right)\cdot\alpha\right]+\right.$$

$$\left.\frac{1}{e_i}\cdot\alpha\cdot\left[\frac{A}{(1+s_i)}-B_i\right]\cdot\left[\min\left(0,\frac{e}{e_i}-1\right)\right]_{e_i}^{/}\right]$$

式中，$\left[\min\left(0,\frac{e}{e_i}-1\right)\right]_{e_i}^{/}=\begin{cases}0,\text{ 当}e_i<e\\ \text{不存在，当}e_i=e\\ \frac{-e}{e_i^2},\text{ 当}e_i>e\end{cases}$

由此：

$$\frac{\partial \rho_{ei}^{*}}{\partial e_i}=\begin{cases}<0,\text{ 当}e_i<e\text{且}\frac{A}{(1+s_i)}-B_i>0\\ \geqslant 0,\text{ 当}e_i<e\text{且}\frac{A}{(1+s_i)}-B_i\leqslant 0\\ \text{不存在，当}e_i=e\\ <0,\text{ 当}e_i>e\text{且}\frac{A}{(1+s_i)}-B_i>0\\ \geqslant 0,\text{ 当}e_i>e\text{且}\frac{A}{(1+s_i)}-B_i\leqslant 0\end{cases}$$

$$\frac{\partial \rho_{ei}^{*}}{\partial B_i}=\frac{-\frac{1}{e_i}}{1-\min\left(0,\frac{e}{e_i}-1\right)\cdot\alpha}<0$$

由式 (7–17) 得知，第 i 类发电商有排放权申报量的临界点为$\rho_{ei}^{*}=\underline{\rho_e}>0$ 进一步可得

$\frac{A}{(1+s_i)}-B_i<e_i\left[1-\min\left(0,\frac{e}{e_i}-1\right)\cdot\alpha\right]\cdot\underline{\rho_e}\Leftrightarrow$发电商 i 不参与量价竞报；

$$\frac{A}{(1+s_i)}-B_i \geqslant e_i\left[1-\min\left(0,\frac{e}{e_i}-1\right)\cdot\alpha\right]\cdot\underline{\rho_e} \Leftrightarrow \text{发电商}\, i\, \text{参与量价竞报}$$

$$\Rightarrow \frac{A}{(1+s_i)}-B_i > 0$$

在发电商 i 参与量价竞报且 $e_i \neq e$ 情况下，必有

$$\frac{\partial\rho_{ei}^*}{\partial B_i}+\frac{\partial\rho_{ei}^*}{\partial s_i}+\frac{\partial\rho_{ei}^*}{\partial e_i}<0$$

在发电商 i 参与量价竞报且 e_i=e 情况下，式 (7−19) 简化为

$$\rho_{ei}^*=\frac{A}{e(1+s_i)}-\frac{B_i}{e}$$

此时仍有

$$\frac{\partial\rho_{ei}^*}{\partial B_i}+\frac{\partial\rho_{ei}^*}{\partial s_i}<0$$

由此可见，在初始排放权市场中有排放权申报量的发电商，排放权边际利润正负临界点处的价格，与由单位发电量的期望燃料成本、排放强度、厂自用电率形成的开机边际排放收益负相关。

假定 m 类发电商开机边际排放收益排列为 $\rho_{e1}^*>\rho_{e2}^*>\cdots>\rho_{ei^*}^*>\cdots>\rho_{em}^*$，其中 $1\leqslant i^*\leqslant m$，第 i（$i\leqslant i^*$）类发电商在初始排放权市场的量价竞报中有排放权申报量，第 i（$i\leqslant i^*$）发电商不参与初始排放权市场的量价竞报。由上述证明可知，它符合发电商开机边际排放收益由优势到劣势的排列顺序。从而，该临界点满足关系式 $\rho_{e1}^*>\rho_{e2}^*>\cdots>\rho_{ei}^*>\cdots>\rho_{ei^*}^*\geqslant\rho_e$。

在 $i\leqslant i^*$ 情况下，

有穷序列 $\left[\min\left(\overline{\rho_e},\rho_{e1}^*\right),\cdots,\min\left(\overline{\rho_e},\rho_{ei}^*\right),\cdots,\min\left(\overline{\rho_e},\rho_{ei^*}^*\right)\right]$ 的单调性 $\Leftrightarrow$

有穷序列 $\left(\rho_{e1}^*-\overline{\rho_e},\rho_{e2}^*-\overline{\rho_e},\cdots,\rho_{ei}^*-\overline{\rho_e},\cdots,\rho_{ei^*}^*-\overline{\rho_e}\right)$ 的单调性

而 $\rho_{e1}^*-\rho_e>\rho_{e2}^*-\rho_e>\cdots>\rho_{ei}^*-\rho_e>\cdots>\rho_{ei^*}^*-\rho_e$。

又由于 $1 \leqslant K_i \leqslant n$，上述序列按发电商的个数展开仍为有穷点[1]。

该命题表明，初始排放权市场中拥有开机边际排放收益优势的发电商有报高价的趋势，从而排放权将会优先配置给这些发电商。结合该命题的证明过程和第 7.2 节对发电商的最优需求函数的求解过程可知，新市场规则约束下，发电商既不会刻意抬高报价，也不会刻意压低报价，因此缺乏运用经济囤积手段行使市场力的动机。各发电商由式 (7–17) 确定的报价区间具有纳什均衡的稳定性。

命题 7.2：初始排放权市场的组合拍卖中，发电商如果有排放权申报量，则各发电商的排放权申报量相对于由排放强度和厂自用电率两个变量构成的二元函数 $e_j(1+s_j)$，$j=1, \cdots, n$ 由低到高呈有穷单调递增序列；进一步地，在以下两种情形下，该序列的单调性与命题 7.1 序列相反：

(a) 各发电商的单位发电量期望燃料成本与排放强度分别相同；

(b) 各发电商的单位发电量期望燃料成本与厂自用电率分别相同。

证明：在式 (7–17) 中，发电商的排放权申报量决策的内生变量为 e_j、s_j。在 $j \in i \leqslant i^*$ 下：

$$\frac{\partial E_j\left(e_j, s_j\right)}{\partial e_j}+\frac{\partial E_j\left(e_j, s_j\right)}{\partial s_j}=\frac{\tau \cdot E^{(S)}}{e} \cdot\left(1+s_j+e_j\right)>0$$

由此，$\forall j \in i \leqslant i^*$，有 $E_j>0$ 且按 $e_j \cdot\left(1+s_j\right)$ 呈单调递增序列。

(a) 各发电商的单位发电量期望燃料成本与排放强度分别相同的情况下，式（7–19）的内生变量为 s_i 且存在：

$$\exists \mathrm{s}\left(i_1\right)=\cdots=\mathrm{s}\left(i_{k_i}\right)=\cdots=\mathrm{s}\left(i_{K_i}\right), \forall \mathrm{s}(i) \neq \mathrm{s}(r),\left(1 \leqslant i, r \leqslant i^*\right)$$

由命题 7.1 证明可知，在 $i \leqslant i^*$ 下，有 $\frac{\mathrm{d} \rho_{ei}^*}{\mathrm{d} s_i}<0$。故命题 7.1 的有穷单调递减序列依发电商的厂自用电率由低到高仍然成立。

此时，式 (7–17) 的内生变量为 s_j，在 $j \in i \leqslant i^*$ 下

1　不必然严格单调。如果不特别说明，这同样适用于模型的其他序列。

$$\frac{\mathrm{d}E_j(s_j)}{\mathrm{d}s_j}=\frac{\tau\cdot E^{(S)}}{e}\cdot e_j>0$$

(b) 同理，各发电商的单位发电量期望燃料成本与厂自用电率分别相同下，式（7–19）的内生变量为 e_i 且存在：

$$\exists e(i_1)=\cdots=e(i_{k_i})=\cdots=e(i_{K_i}),\ e(i_1)=\cdots=e(i_{k_i})=\cdots=e(i_{K_i})$$

在 $i\leqslant i^*$ 且 $e_i\neq e$ 下，有 $\frac{\partial\rho_{ei}^*}{\partial e_i}<0$；

在 $i\leqslant i^*$ 且 $e_i=e$ 下，有 $\rho_{ei}^*=\rho_{ei}^*(e)=\frac{A}{e\cdot(1+s_i)}-\frac{B_i}{e}$。

从而命题 7.1 的有穷单调递减序列依发电商的排放绩效由优势到劣势（即排放强度由低到高）仍然成立。

此时，式（7–17）的内生变量为 e_j，在 $j\in i\leqslant i^*$ 下：

$$\frac{\mathrm{d}E_j(e_j)}{\mathrm{d}e_j}=\frac{\tau\cdot E^{(S)}}{e}\cdot(1+s_j)>0$$

而在 $i\leqslant i^*$ 下，有，

$$\frac{\partial E_i(e_i,s_i)}{\partial e_i}+\frac{\partial E_i(e_i,s_i)}{\partial s_i}=\frac{\tau\cdot E^{(S)}}{e}\cdot(1+s_i+e_i)>0$$

在上述两种情形下：

$$0<E_1<E_2<\cdots<E_i<\cdots<E_{i^*}$$

该命题表明，在初始排放权市场中拥有开机边际排放收益优势的发电商在申报最优排放权数量时有降低数量的趋势。结合命题 7.1 揭示的这些发电商有报高价的趋势，以及市场采用 MCP 定价（图 6–1），他们对排放权数量 d 的要求将会以相同的市场出清价格优先得到满足，从而初始排放权市场可以通过组合拍卖过程来激励发电商降低排放强度，促进资源优化配置。

完成发电商的最优需求曲线投标的理论分析后，下一章研究初始排放权市场的均衡，并对市场均衡特征和本章主要结论进行有效性检验。

第 8 章　初始排放权市场均衡和有效性检验

第 7 章运用组合拍卖理论和供给函数均衡理论，得到发电商在初始排放权市场的最优申报曲线。本章首先推导出市场需求曲线，然后结合市场供给曲线和监管规则定义临界价格区间 (ECPR)，并运用 ECPR 规则对需求函数均衡进行精炼处理，得到精炼纳什均衡。上述工作实现了碳排放权的定价和碳排放权在发电商之间的初步有效配置。其次，本章对初始排放权市场均衡状态的特征进行分析，证明 ECPR 规则可以通过市场定价和分配过程来促进碳排放权资源的有效配置。最后，运用数值仿真对第 7 章和本章主要结论进行有效性检验。

8.1　市场需求函数与市场均衡

从第 7 章可知，所有发电商按式 (7–17) 进行初始排放权市场的数量和价格申报，构成需求函数均衡。对该均衡求解，可以实现排放权的市场定价和排放权在发电商之间的分配。

环境监管者把各发电商申报的量价曲线进行相加，得到式 (8–1) 初始排放权市场的需求曲线：

$$\mathrm{E}^{(D)}(\rho_e)=\sum_{i=1}^{i^*}\sum_{k_i=1}^{K_i}E_{i_{k_i}}=\begin{cases}\sum_{i=1}^{i^*}\sum_{k_i=1}^{K_i}E_{i_{k_i}}，当\underline{\rho_e}\leqslant\rho_e\leqslant\min\left(\overline{\rho_e},\ \rho_{e,i^*}^*\right)\\ \cdots\\ \sum_{i}\sum_{k_i=1}^{K_i}E_{i_{k_i}}，当\underline{\rho_e}\leqslant\rho_e\leqslant\min\left(\overline{\rho_e},\ \rho_{e,i}^*\right),1\leqslant i\leqslant i^*\\ \cdots\\ \sum_{k_1=1}^{K_1}E_{1_{k_1}}，当\underline{\rho_e}\leqslant\rho_e\leqslant\min\left(\overline{\rho_e},\ \rho_{e,1}^*\right)\\ 0，其他\end{cases}\tag{8-1}$$

式 (8−1) 表明初始排放权市场的需求曲线是由 i^* 个样条构成的样条曲线，其中每个样条对应不同的价格区间。如图 8−1 所示，它在 $E-\rho_e$ 平面上是一个有限样条函数。

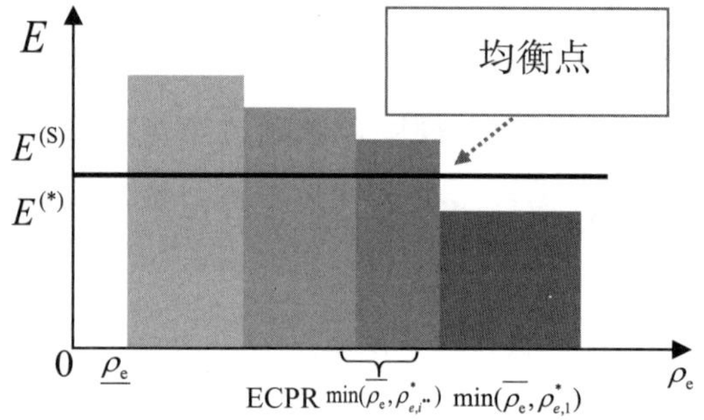

(a) $E^{(*)}$ 低于 ECPR 对应的市场需求量

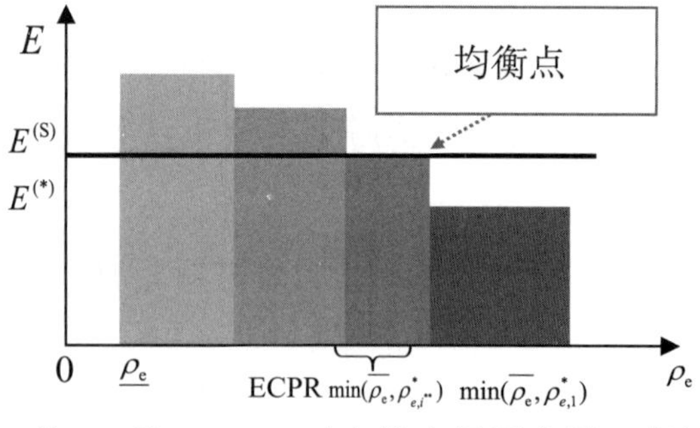

(b) $E^{(*)}$ 、$E^{(S)}$、ECPR 对应的市场需求量三者相等

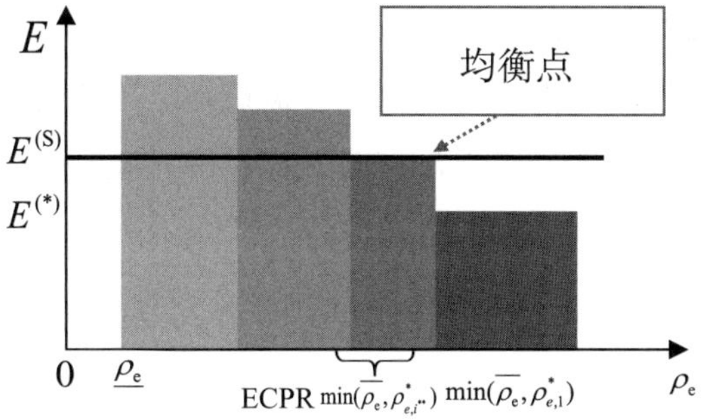

(c) $E^{(*)}$、ECPR 对应的市场需求量相等，但低于 $E^{(S)}$

图 8-1　初始排放权市场的需求曲线和市场均衡

在电力协调监管下，新市场组合中初始排放权市场的供给函数由环境监管者依据电力监管者公布的负荷需求、电网综合网损率等信息，结合国家应对气候变化对燃煤发电企业碳减排的分阶段要求、燃煤电厂目前的排放强度等因素，确定上网电量的标准排放强度和排放权供给量。结合供给曲线 $E^{(S)}$，可以求解出式(8-2)所示初始排放权市场的均衡量，实现对碳排放权市场定价。如图 8-1 所示。

$$E^{(*)}=\begin{cases} E^{(*)}\big|_{E^{(S)}(\rho_e)=E^{(D)}(\rho_e)} \text{；当供给有弹性，且} \exists\rho_e\text{，有} E^{(S)}(\rho_e)\leqslant E^{(D)}(\rho_e) \\ \sum_{i=1}^{i^*}\sum_{k_i=1}^{K_i}E_{i_{k_i}} \text{；当供给有弹性，且} \forall\rho_e\text{，有} E^{(S)}(\rho_e)>E^{(D)}(\rho_e) \\ \min\left(E^{(S)},\sum_{i=1}^{i^*}\sum_{k_i=1}^{K_i}E_{i_{k_i}}\right)\text{；当供给无弹性} \end{cases} \quad (8-2)$$

通常，初始排放权市场的供给量会受到电力负荷需求、电网综合网损率、上网电量的标准排放强度、排放权价格等因素的影响。式(8-2)表示的初始排放权市场的均衡量包括了市场供给量相对于价格有弹性（正斜率）和无弹性两种情形。

为在合理区间内适当增加发电商的排放成本，有效地激励发电商降低排放强度，环境监管者确定市场均衡价时，取临界价格区间上限作为出清价格(MCP)。临界价格区间（ECPR，emission critical price range）被定义为在 $E-\rho_e$ 平面上，$E^{(*)}$ 直线与市场需求曲线重合那部分或其紧上需求曲线所对应的价格区间。由此可求解出市场均衡价格，给出 ECPR 的定义式：

$$\rho_e^* = \begin{cases} \min\left(\overline{\rho_e},\ \rho_{e,i^{**}}^*\right),\ 当 E^{(*)} = E^{(S)} \\ 其中\ i^{**} 满足\ 1 \leqslant i^{**} \leqslant i^* 且 \sum_{i=1}^{i^{**}-1}\sum_{k_i=1}^{K_i} E_{i_{k_i}} < E^{(*)} \leqslant \sum_{i=1}^{i^{**}}\sum_{k_i=1}^{K_i} E_{i_{k_i}} \\ \min\left(\overline{\rho_e},\ \rho_{e,i^*}^*\right),\ 当 E^{(*)} = \sum_{i=1}^{i^*}\sum_{k_i=1}^{K_i} E_{i_{k_i}} \end{cases} \tag{8-3}$$

值得注意的是，初始排放权市场中有无申报量的临界类发电商（见第 7.3 节）和市场均衡的临界类发电商，两者不同。

为便于分析该市场均衡的特征，记临界价格区间为$\sigma_{\left(i^{**},i^*\right)}$，即

$$\sigma_{\left(i^{**},i^*\right)} = \begin{cases} \sigma_{i^{**}} = \left\{\rho_e \mid \min\left(\overline{\rho_e},\ \rho_{e,i^{**}+1}^*\right) \leqslant \rho_e \leqslant \rho_e^*\right\}, \\ \qquad 当 E^{(*)} = E^{(S)},\ 即\ \rho_e^* = \min\left(\overline{\rho_e},\ \rho_{e,i^{**}}^*\right) \\ \sigma_{i^*} = \left\{\rho_e \mid \underline{\rho_e} \leqslant \rho_e \leqslant \rho_e^*\right\}, \\ \qquad 当 E^{(*)} = \sum_{i=1}^{i^*}\sum_{k_i=1}^{K_i} E_{i_{k_i}},\ 即\ \rho_e^* = \min\left(\overline{\rho_e},\ \rho_{e,i^*}^*\right) \end{cases} \tag{8-4}$$

ECPR 定价规则下，排放权 MCP 价格是发电商拍卖竞价过程和环境监管者规制相互协调的结果。从图 6−1 新市场组合框架可知，环境监管者的监管会受到电力监管者监管政策的影响，因此，ECPR 定价规则体现了在电力协调监管下市场定价的过程。这种定价过程从拍卖的角度来看，是结算价

格与报价无关的统一价格支付拍卖，可以发挥该拍卖结算方式有利于防止发电商之间的同谋行为。从社会福利的角度来看，相当于把边际中标者带来的部分利润转移给环境监管者，可以产生二级密封拍卖中把边际中标者带来的社会福利分配给该中标者的政策效果。并且 ECPR 价格上限在边际中标者的报价范围内，可以克服二级密封拍卖出现赢者咒诅问题。从激励发电商减排的角度来看，ECPR 定价规则避免排放权价格波动过大，在合理范围内直接增加发电商的排放成本，可激励发电商有效使用排放权，积极致力于改善排放绩效。

环境监管者在中标发电商之间分配排放权时，采取高于 ECPR 上限仍有申报量发电商完全满足其申报量，在 ECPR 下限有申报量但在其上限无申报量发电商平均分配排放权剩余均衡供给量。本书称之为 ECPR 分配规则，它和前面 ECPR 定价规则共同构成初始排放权市场纳什均衡的 ECPR 精炼规则 (ECPR refined rule)。排放权的剩余均衡供给量可以表示为

$$\begin{aligned}(E^{(*)remain}) &= \min\left(E^{(S)},\sum_{i=1}^{i^*}\sum_{k_i=1}^{K_i}E_{i_{k_i}}\right)-\min\left(E^{(S)},\sum_{i=1}^{i^{**}-1}\sum_{k_i=1}^{K_i}E_{i_{k_i}}\right)\\ &= E^{(*)}-\sum_{i=1}^{i^{**}-1}\sum_{k_i=1}^{K_i}E_{i_{k_i}}\end{aligned} \tag{8-5}$$

ECPR 分配规则体现了市场拍卖过程和环境监管者规制间的共同作用。它可以把排放权以相同市场价格优先配置给最具排放优势 (SMER 较高) 发电商，可产生直接利用市场分配过程促进燃煤发电企业降低碳排放强度的政策效果。

由此可见，初始排放权市场的 ECPR 精炼规则，符合式 (2-9) 的要求，可以提高新市场组合激励相容性。

8.2 初始排放权市场均衡特征分析

第 8.1 节运用 ECPR 精炼规则，对初始排放权市场中发电商的需求函数均衡进行精炼，得到该市场的精炼纳什均衡。本节证明该均衡的主要特征，由此说明，该市场排放权资源分配是有效率的，可以促进资源优化配置。

命题 8.1：初始排放权市场中，发电商如有排放权申报量，则市场均衡状态下：

(a) 高于临界价格区间上限仍有申报量发电商竞得排放权为市场力约束下最高排放权数量，只在低于临界价格区间下限有申报量发电商竞得排放权为零，在临界价格区间下限有申报量，但在其上限无申报量发电商平均分配排放权剩余均衡供给量；

(b) 当各发电商报价区间上限相同时，各发电商竞得排放权或者是市场力约束下最高排放权数量，或者平均分配排放权均衡供给量；

(c) 当各发电商报价区间上限不同时，最多一个发电商竞得排放权低于其市场力约束下最高排放权数量。

证明：(a) 由式 (8—4) 可知，临界价格区间 $\sigma_{\left(i^{**},i^{*}\right)}$ 紧上区间与紧下区间分别为 $\sigma_{\left(i^{**}-1,i^{*}\right)}$ 和 $\sigma_{\left(i^{**}+1,i^{*}\right)}$。从而：

$$\sum_{i=1}^{i^{**}-1}\sum_{k_i=1}^{K_i}E_{i_{k_i}} < \min\left(E^{(S)},\sum_{i=1}^{i^{**}-1}\sum_{k_i=1}^{K_i}E_{i_{k_i}} + E_{i^{**}_{\left(k_{i^{**}}\right)=1}}\right) \leqslant \min\left(E^{(S)},\sum_{i=1}^{i^{*}}\sum_{k_i=1}^{K_i}E_{i_{k_i}}\right) \leqslant$$
$$\min\left(E^{(S)},\sum_{i=1}^{i^{**}}\sum_{k_i=1}^{K_i}E_{i_{k_i}}\right) < \min\left(E^{(S)},\sum_{i=1}^{i^{**}}\sum_{k_i=1}^{K_i}E_{i_{k_i}} + E_{\left(i^{**}+1\right)_{\left(k_{i^{**}+1}\right)=1}}\right)$$

化简后为

$$\sum_{i=1}^{i^{**}-1}\sum_{k_i=1}^{K_i}E_{i_{k_i}} < \sum_{i=1}^{i^{**}-1}\sum_{k_i=1}^{K_i}E_{i_{k_i}} + E_{i^{**}_{\left(k_{i^{**}}\right)=1}} \leqslant E^{(*)} \leqslant \sum_{i=1}^{i^{**}}\sum_{k_i=1}^{K_i}E_{i_{k_i}} < \sum_{i=1}^{i^{**}}\sum_{k_i=1}^{K_i}E_{i_{k_i}} + E_{\left(i^{**}+1\right)_{\left(k_{i^{**}+1}\right)=1}}$$

成立

又由于，

$$j \in \left(i^{**}-1\right)_{k_{\left(i^{**}-1\right)}} \cup \left(i^{**}-2\right)_{k_{\left(i^{**}-2\right)}} \cup \cdots \cup (1)_{k_{(1)}} \Leftrightarrow$$

$$\min\left(\overline{\rho_e},\ \rho^*_{e,i^{**}-1}\right) \cup \min\left(\overline{\rho_e},\ \rho^*_{e,i^{**}-2}\right) \cup \cdots \cup \min\left(\overline{\rho_e},\ \rho^*_{e,1}\right) \subseteq$$

$$\sigma_{\left(i^{**}-1,i^*\right)} \cup \sigma_{\left(i^{**}-2,i^*\right)} \cup \cdots \cup \sigma_{\left(1,i^*\right)}$$

$$j \in \left(i^{**}+1\right)_{k_{\left(i^{**}+1\right)}} \cup \left(i^{**}+2\right)_{k_{\left(i^{**}+2\right)}} \cup \cdots \cup \left(i^*\right)_{k_{\left(i^*\right)}} \Leftrightarrow$$

$$\min\left(\overline{\rho_e},\ \rho^*_{e,i^{**}+1}\right) \cup \min\left(\overline{\rho_e},\ \rho^*_{e,i^{**}+2}\right) \cup \cdots \cup \min\left(\overline{\rho_e},\ \rho^*_{e,i^*}\right) \subseteq$$

$$\sigma_{\left(i^{**}+1,i^*\right)} \cup \sigma_{\left(i^{**}+2,i^*\right)} \cup \ldots \cup \sigma_{\left(i^*,i^*\right)}$$

$$j \in \left(i^{**}\right)_{k_{\left(i^{**}\right)}} \Leftrightarrow \min\left(\overline{\rho_e},\ \rho^*_{e,i^{**}}\right) \subseteq \sigma_{\left(i^{**},i^*\right)}$$

根据上述 ECPR 分配规则：

对于发电商$j \in \left(i^{**}-1\right)_{k_{\left(i^{**}-1\right)}} \cup \left(i^{**}-2\right)_{k_{\left(i^{**}-2\right)}} \cup \cdots \cup (1)_{k_{(1)}}$，在初始排放权市场上竞得排放权数量为$E_j^* = \tau \cdot \dfrac{E^{(S)} \cdot e_j \cdot \left(1+s_j\right)}{e}$。

对于发电商$j \in \left(i^{**}+1\right)_{k_{\left(i^{**}+1\right)}} \cup \left(i^{**}+2\right)_{k_{\left(i^{**}+2\right)}} \cup \cdots \cup \left(i^*\right)_{k_{\left(i^*\right)}}$，在初始排放权市场上竞得排放权数量为$E_j^* = 0$。

对于发电商$j \in \left(i^{**}\right)_{k_{\left(i^{**}\right)}}$，在初始排放权市场上竞得的排放权数量为

$$E_j^* = \frac{1}{K_{i^{**}}} \cdot \left[E^{(*)} - \sum_{i=1}^{i^{**}-1} \sum_{k_i=1}^{K_i} E_{i_{k_i}}\right] \leqslant \tau \cdot \frac{E^{(S)} \cdot e_j \cdot \left(1+s_j\right)}{e}$$ 。

(b) 此种情况下，由式 (8–1) 有

$$E^{(D)}(\rho_e)=\begin{cases}\sum_{i=1}^{i^*}\sum_{k_i=1}^{K_i}E_{i_{k_i}},\\ 当\ \underline{\rho_e}\leqslant\rho_e\leqslant\min\left(\overline{\rho_e},\ \rho_{e,i^*}^*\right)=\min\left(\overline{\rho_e},\ \rho_{e,1}^*\right)\\ 0,其他\end{cases}$$

由式 (8–4) 有[1]

$$\sigma_{(i^{**},i^*)}=\sigma_{i^*}=\left\{\rho_e\mid\underline{\rho_e}<\rho_e\leqslant\rho_e^*=\overline{\rho_e}\right\}$$

$$E^{(*)}=\sum_{i=1}^{i^*}\sum_{k_i=1}^{K_i}E_{i_{k_i}}$$

$$\sigma_{(i^{**}-1,i^*)}\cup\sigma_{(i^{**}-2,i^*)}\cup\cdots=\varnothing\Leftrightarrow$$

$$\left(i^{**}-1\right)_{k_{(i^{**}-1)}}\cup\left(i^{**}-2\right)_{k_{(i^{**}-2)}}\cup\cdots=\varnothing$$

从而有

$$\left(i^{**}\right)_{k_{(i^{**})}}=\left(i^*\right)_{k_{(i^*)}}$$

$$j\in\left(i^{**}\right)_{k_{(i^{**})}}\Leftrightarrow\min\left(\overline{\rho_e},\ \rho_{e,i^{**}}^*\right)=\min\left(\overline{\rho_e},\ \rho_{e,i^*}^*\right)\in\sigma_{(i^{**},i^*)}$$

故对于发电商$j\in\left(i^{**}\right)_{k_{(i^{**})}}\Leftrightarrow j\in\left(i^*\right)_{k_{(i^*)}}$，在初始排放权市场上竞得的排放权数量为$E_j^*=\dfrac{1}{K_{i^{**}}}\cdot\left[E^{(*)}-\sum_{i=1}^{i^{**}-1}\sum_{k_i=1}^{K_i}E_{i_{k_i}}\right]=\dfrac{1}{K_{i^*}}\cdot E^{(*)}\leqslant\tau\cdot\dfrac{E^{(S)}\cdot e_j\cdot\left(1+s_j\right)}{e}$。

1 $\min\left(\overline{\rho_e},\ \rho_{e\,i^{**}}^*\right)=\min\left(\overline{\rho_e},\ \rho_{e\,i^*}^*\right)=\underline{\rho_e}$除外，事实上，该情形下式 (8-1) 为$E^{(D)}(\rho_e)=\begin{cases}\sum_{i=1}^{i^*}\sum_{k_i=1}^{K_i}E_{i_{k_i}},\ 当\rho_e=\underline{\rho_e}\\ 0\quad 其他\end{cases}$，各有申报量的发电商竞得的排放权数量为$E_j^*=\dfrac{1}{K_{1^{**}}}\cdot\min\left(E^{(S)},\sum_{k_1=1}^{K_1}E_{1_{k_1}}\right)=\dfrac{1}{K_{1^*}}\cdot E^{(*)}\leqslant\tau\cdot\dfrac{E^{(S)}\cdot e_j\cdot\left(1+s_j\right)}{e}$，从而结论仍成立。

对于发电商 $j \notin \left(i^{**}\right)_{k_{\left(i^{**}\right)}} \Leftrightarrow j \notin \left(i^{*}\right)_{k_{\left(i^{*}\right)}}$，必不参与初始排放权市场的量价竞报，故竞得的排放权数量为 $E_j^* = 0$。

一种特殊情形是 $\min\left(\overline{\rho_e},\ \rho_{e,i^{**}}^*\right) = \min\left(\overline{\rho_e},\ \rho_{e,i^*}^*\right) = \overline{\rho_e}$，此时，$\sigma_{\left(i^{**},i^*\right)} = \left(\underline{\rho_e}, \overline{\rho_e}\right)$ 成立。

(c) 此时，在式 (8–1) 中，

$$\mathrm{E}^{(\mathrm{D})}\left(\rho_e\right) \in \left[\sum_{k_1=1}^{K_1} E_{1_{k_1}}, \sum_{i=1}^{i^*}\sum_{k_i=1}^{K_i} E_{i_{k_i}}\right],\ \underline{\rho_e} \leqslant \rho_e \leqslant \min\left(\overline{\rho_e},\ \rho_{e,i^*}^*\right)$$，共有 i^* 个非零点。根据第 7.3 节的指标函数，该式有 $1 \leqslant i \leqslant i^* \leqslant m \leqslant n$。

在 (c) 条件下，必有命题 7.1 有穷单调序列严格单调，即：

$\forall 1 \leqslant i \leqslant i^*$，有

$$\min\left(\overline{\rho_e},\ \rho_{ei_1}^*\right) \neq \cdots \neq \min\left(\overline{\rho_e},\ \rho_{ei_{k_i}}^*\right) \neq \cdots \neq \min\left(\overline{\rho_e},\ \rho_{ei_{K_i}}^*\right)$$

其中，$1 \leqslant k_i \leqslant K_i$，$1 \leqslant K_i \leqslant n$

$$且 \forall E_{i_{k_i}} = \tau \cdot \frac{E^{(S)} \cdot e_{i_{k_i}} \cdot \left(1 + s_{i_{k_i}}\right)}{e} > 0, i = 1, \cdots, i^*,\ k_i = 1, \cdots, K_i$$

$$0 < E_{1_{k_1} | k_1 = 1} < \cdots < \sum_{k_1=1}^{K_1} E_{1_{k_1}} < \cdots < \sum_{k_1=1}^{K_1} E_{1_{k_1}} + E_{2_{k_2} | k_2 = 1} < \cdots < \sum_{i=1}^{2}\sum_{k_i=1}^{K_i} E_{i_{k_i}} < \cdots <$$

$$\sum_{i=1}^{i^*}\sum_{k_i=1}^{K_i} E_{i_{k_i}}$$ 仅有 $1 \leqslant \sum_{i=1}^{i^*} K_i = i^*$ 项。

故，关系式 $K_1 = K_2 = \cdots = K_{i^*} = 1$ 成立。结合 (a) 可知本命题成立。

该命题表明，ECPR 分配规则可以直接利用初始排放权市场均衡量的分配过程来提高碳排放权资源配置效率。结合第 8.1 节 ECPR 定价规则的分析，以及第 7.3 节发电商在初始排放权市场一级密封量价组合拍卖决策行为特征

的分析，发现新市场组合的初始排放权市场能在电力协调监管下，通过市场拍卖过程、定价过程和均衡量分配过程引导发电商降低单位发电量的期望燃料成本，降低厂自用电率，改善排放绩效，实现对排放权初步有效配置。

8.3 初始排放权市场有效性检验模型与数据获取

8.3.1 检验模型

为检验在新市场组合下，初始排放权市场（被检验模型）资源配置有效性，本节把2012年以前国外总量控制下碳排放权交易机制普遍采用免费分配初始排放权（检验模型）的配置效率与之进行比较，并进行数值仿真验证。

燃煤发电企业免费分配初始排放权方法有历史排放法、更新排放法、历史产量法和更新产量法。2021年开始运行的发电行业全国统一碳市场采用历史强度法和更新产量法免费分配初始排放权。为增强可比性，结合新市场组合设计了市场份额约束规则，检验模型选择按市场份额确定的产量分配初始排放权。在环境监管者给定的排放权总量下，发电商获得排放权可提供的上网电量 $W^{(S)\ free}$ 为

$$W^{(S)\ free}=\sum_{j=1}^{n}\frac{E^{(\mathrm{S})}}{n\cdot e_j\cdot\left(1+s_j\right)} \tag{8—6}$$

电力监管者在给定负荷需求量和电网综合网损率的情况下，为满足上网电量的要求，新市场组合中的初始排放权市场与免费分配初始排放权相比，可减少的排放量为

$$\text{Saved emission}=E^{(\mathrm{S})}+\frac{\left(W^{(D)}\cdot(1+s)\right)-\sum\limits_{j=1}^{n}\frac{E^{(\mathrm{S})}}{n\cdot e_j\cdot\left(1+s_j\right)}}{\frac{\sum\limits_{j=1}^{n}\frac{E^{(\mathrm{S})}}{n\cdot e_j\cdot\left(1+s_j\right)}}{E^{(\mathrm{S})}}}-E^{(*)}$$

$$
\begin{aligned}
&= E^{(S)} + \frac{\left(W^{(D)}\cdot(1+s)\right) - \sum_{j=1}^{n} \frac{E^{(S)}}{n\cdot e_j\cdot\left(1+s_j\right)}}{\sum_{j=1}^{n} \frac{1}{n\cdot e_j\cdot\left(1+s_j\right)}} - E^{(*)} \\
&= \frac{\left(W^{(D)}\cdot(1+s)\right)}{\sum_{j=1}^{n} \frac{1}{n\cdot e_j\cdot\left(1+s_j\right)}} - E^{(*)}
\end{aligned}
\tag{8-7}
$$

式 (8—7) 表明新市场组合下，初始排放权市场节省的排放量等于上网电量按照检验模型确定的电网综合排放强度计算的排放量减去该市场的均衡量。从命题 7.1 和命题 7.2 可知，那些拥有低排放强度和低厂自用电率的发电商，不仅对排放权数量的要求相对较低，而且申报价格的下限也相对较低。因此，在新市场组合的初始排放权市场中，相同的排放权总量可以带来更多的电能供给量。换言之，新市场组合的初始排放权市场具有有效激励发电商减少碳排放的特征。

8.3.2 数据获取

假定某区域批发电力市场有 8 个发电商，各发电商的成本信息见表 8—1 ~ 表 8—3。

表 8—1　发电商机组有功功率上限、下限和年检修时间（包括非计划停运时间）

发电商	P^N /MW	$\underline{P}$ /MW	T /h
1	300	100	2 160
2	200	80	2 160
3	200	80	2 260
4	100	40	2 560

续表

发电商	P^N /MW	$\underline{P}$ /MW	T /h
5	100	40	2 760
6	50	20	3 060
7	50	20	3 260
8	50	20	3 760

表 8–1 表明，发电商 1 不仅拥有规模优势，而且年检修时间也最少。发电商 8 恰好相反。

表 8–2 发电商机组燃料耗量特性函数 单位：t/h

发电商	a_j	b_j	c_j
1	8.0	0.1	0.001
2	6.5	0.1	0.002
3	6.0	0.1	0.002
4	3.0	0.3	0.001
5	3.5	0.3	0.001
6	1.0	0.6	0.001 5
7	1.0	0.6	0.01
8	2.0	0.8	0.02

表 8–2 表明，发电商 1 燃料耗量特性函数的常数项最大，二次项系数最小。而发电商 8 常数项相对较小，一次项和二次项系数都最大。

表 8–3　发电商的排放强度、厂自用电率和燃煤价格

发电商	e_j/（t/W • h）	s_j	ρ_{cj}/（元/t）
1	0.3	0.04	200
2	0.5	0.05	250
3	0.6	0.05	300
4	0.7	0.06	300
5	0.75	0.06	350
6	0.8	0.06	350
7	0.9	0.08	500
8	1.0	0.09	600

表 8–3 表明，发电商 1 拥有排放强度、厂自用电率和燃煤价格的优势，而发电商 8 恰好相反。结合表 8–1 和表 8–2 的信息，我们希望在数值仿真中，他们代表综合经营优势的两个极端情形。

从全生命周期分析角度来看，发电商的排放强度依赖于燃煤碳含量、燃煤电厂燃烧技术、锅炉热效率、蒸汽管道热效率、乏气热含量、CCS 技术、燃煤运输条件等因素。Kockar 等研究显示，不同发电商碳排放强度存在较大差异。因此在数值仿真中取其介于 0.3 ~ 1.0。从第 5.2 节可知，目前我国燃煤电厂平均厂自用电率在 6%。从过去 10 年的数据分析，不同年份燃煤价格差异较大，本书设定在 200 ~ 600 元 /t 之间。

电力监管者公布的监管信息见表 8–4。

表 8–4　电力监管信息

项 目	单 位	数 值
年负荷需求量（$W^{(D)}$）	MW • h	300 000 0

续表

项 目	单 位	数 值
电网综合网损率 s	—	0.06
上网电价范围ρ_w	元／（MW•h）	$200 \leqslant \rho_w \leqslant 400$
市场份额 τ	—	0.3

结合电力监管信息，环境监管者公布环境监管信息，见表 8–5。

表 8–5　环境监管信息

项 目	单 位	数 值
排放权供给量$E^{(S)}$	t	1 590 000
排放权价格范围ρ_e	元 /t	$10 \leqslant \rho_e \leqslant 50$
标准排放强度e	t/（MW•h）	0.5
排放权价格惩罚因子α	—	0.2
排放权市场二级市场交易成本率β	—	0.1

8.4　初始排放权市场有效性检验结果与讨论

各发电商的开机边际排放收益如图 8–2 所示。由优势到劣势排序为：发电商 1、发电商 2、发电商 4、发电商 3、发电商 5、发电商 6、发电商 7、发电商 8。最大值为 603.583 3 元，最小值为 − 764.380 5 元，发电商 7 和发电商 8 的边际排放收益为负。

图 8–3 是初始排放权市场中各发电商的排放权最优需求函数。

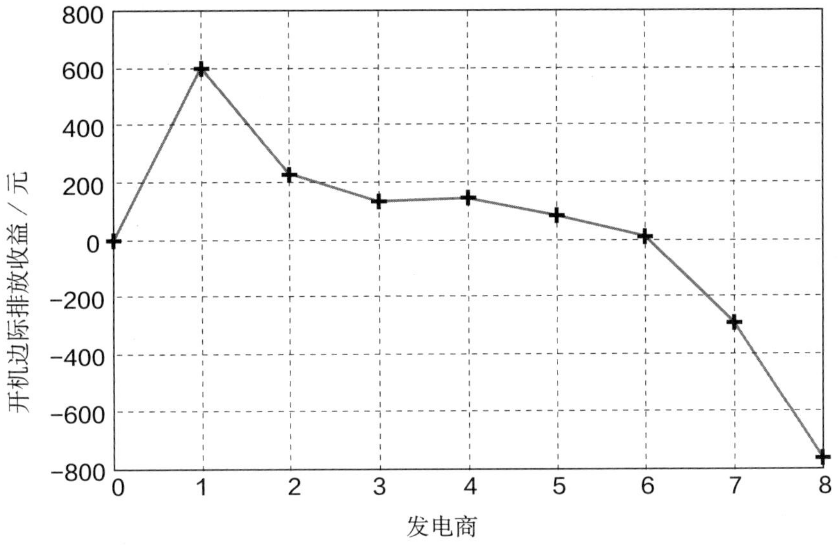

图 8–2　发电商的 SMER

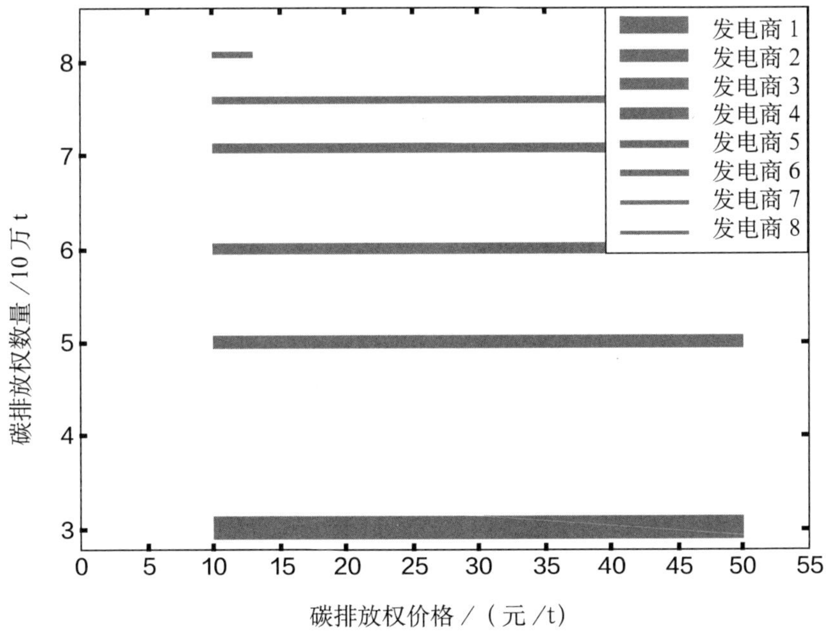

图 8–3　初始排放权市场中发电商的最优需求函数

各发电商的排放权报价如图 8–3 所示。上限排序为：发电商 1 ～发电商 5 报价上限均为 50 元，发电商 6 的报价上限为 13.329 3 元，发电商 7 和发电商 8 不参与申报（其报价上限分别为 −293.104 3 元和 −764.380 5 元）。结合图 8–2 可得，有排放权申报量的发电商，其报价区间的上限按开机边际排放收益由优势到劣势构成有穷单调递减序列。这与命题 7.1 的结论一致。

从图 8–3 可知，发电商 1 ～发电商 6 申报的排放权数量呈单调递增序列，最低为 297 650 t，最高为 809 000 t。超过环境监管者公布排放权供给量的 2 倍。因此，新市场组合下初始排放权市场竞争较大，排放强度方面有明显的优胜劣汰功能。各发电商的上网电量排放强度（即排放绩效和厂自用电率两个变量构成的二元函数如图 8–4 所示，$e_j(1+s_j)$，j=1，…，n 与申报排放权数量之间呈正相关关系。这与命题 7.2 的结论是一致的。

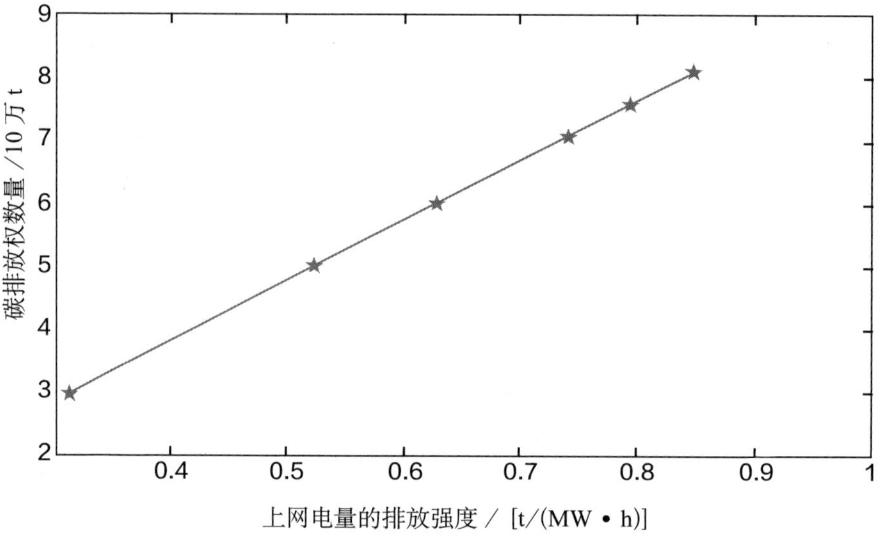

图 8–4　初始排放权市场发电商申报排放权数量与上网电量排放强度的关系

初始排放权市场累积需求函数和市场均衡如图 8–5 所示。

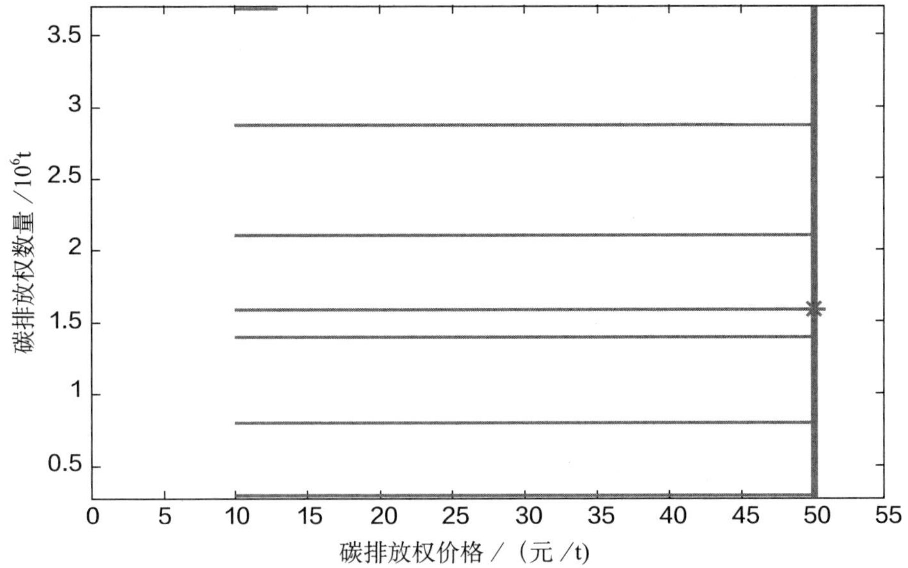

图 8–5　初始排放权市场的累积需求函数和市场均衡

初始排放市场的临界价格区间(ECPR)为：13.329 ≤ρ_e≤ 50；市场均衡为：[ρ_e^*，$E^{(*)}$]=[50,1 590 000]。结合 ECPR 分配规则，各发电商在初始排放权市场竞得的排放权数量为：

（ ρ_{e1}^*，ρ_{e2}^*，ρ_{e3}^*，ρ_{e4}^*，ρ_{e5}^*，ρ_{e6}^*，ρ_{e7}^*，ρ_{e8}^* ）＝（297 650，500 850，573 460，573 460，573 160，0，0，0）

由图 8–6 可知，发电商 1 和发电商 2 申报的排放权数量得到完全满足，发电商 3 ～发电商 5 平均分配排放权的剩余供给量。发电商 6 申报排放权的数量为 809 000 t，但是相对于前面 5 个发电商，其 SMER 处于相对劣势，申报价格的上限相对较低，导致在初始排放权市场的均衡状态下，其竞得的排放权数量为 0。发电商 7 和发电商 8 由于开机边际排放收益为负，不参与初始排放权市场的量价组合拍卖，相应地，竞得的排放权数量为 0（图 8–6）。这与命题 8.1 的结论一致。

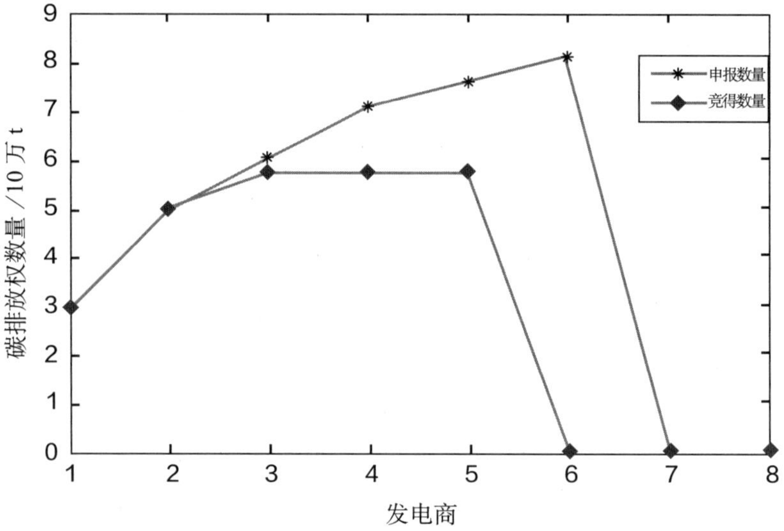

图 8-6　初始排放权市场中发电商申报排放权量与竞得排放权量

结合 8.3.1 节检验模型，在环境监管者给定排放权总供给量 1 590 000 t 下，发电商按市场份额监管规则确定的产量来分配排放权可以向电网提供的上网电量为 2 470 100 MW • h。这是新市场组合下相同排放权总量，初始排放权市场可以保证提供上网电量的 77.68%。如果要确保上网电量全部得到满足，新市场组合下初始排放权市场所要求的排放权总量要比免费分配排放权要求的排放权总量少 456 950 t，排放权节省 28.74% 的比例。

因此，新市场组合下的初始排放权市场可以实现给定排放权供给量，提供更多的上网电量；或者给定上网电量需要更少排放权供给量，从而初始排放权市场可以有效地激励发电商降低单位发电量的期望燃料成本，降低厂自用电率，改善排放绩效，实现保证国民经济所需电力的前提下，促进排放权资源优化配置，有效降低碳排放水平。

完成了初始排放权资源的市场配置后，下一章研究发电商在批发电力市场中的决策行为。

第 9 章　电力市场中发电商决策行为分析

通过初始排放权市场的量价竞报，发电商以市场均衡价格获得排放权。电力监管者组织发电商参与电力市场的拍卖活动。由于发电商在电力市场竞争中会考虑排放权的使用取向，可能申购不足数量的排放权，环境监管者配合电力市场组合拍卖，组织排放权二级市场的交易。新市场组合要求发电商在电力市场进行数量和价格都不确定的一级密封组合拍卖。本章运用组合拍卖理论和供给函数均衡理论，建立发电商在电力市场决策的数学模型，得到发电商最优供给函数。最后，分析发电商在该市场决策行为的主要特征。

9.1　在电力市场中发电商的决策模型

新市场组合在电能生产配置环节中，采用数量和价格都不确定的一级密封组合拍卖方式来组织批发电力市场，以市场拍卖过程和电力协调监管过程确定上网电价和电能生产配置。

为给发电商在电力市场更大的决策空间来应对信息不对称和不确定条件下的竞争，充分运用市场手段优化资源配置，新市场组合允许排放权在二级市场进行交易。在环境监管者组织下，发电商之间可进行排放权的买卖，也可直接向环境监管者申购不足数量的排放权。为激励发电商通过参与初始排放权市场的竞争来获得必要的排放权，另一方面，要避免运用排放权交易获取暴利。对于前者，买方需要向环境监管者交纳二级市场交易成本，额度为成交价格与二级市场交易成本率（β）之积。为保证上网电量获得必要的排放权支撑并对排放强度较高的发电商进行价格惩罚。对于后者，买方需承担排放权 MCP 价格、价格惩罚因子、二级市场交易成本率构成的最高交易价格。

结合图 6−1 新市场组合框架和第 6.1 节 (1) ~ (8) 基本假设，新市场组合要求发电商向电力监管者提供申报电量、价格构成的供给曲线参与电力市场的竞争。为获得最优供给曲线，发电商决策模型可以描述为式 (9−1) ~式 (9−10）随机参数线性规划数学模型。

从动态规划的角度来看，经过初始排放权市场定价和分配过程，发电商在作电力市场决策时的不确定性减少。此时发电商决策所能获得公开确定信息包括：电力监管者公布的年负荷需求量、电网综合网损率、市场力比率、上网电价范围；环境监管者公布排放权价格的惩罚因子、二级市场交易成本率；初始排放权市场 MCP 价格、各发电商竞得的排放权数量，以作为共同知识的市场规则和交易程序等。发电商所能够依赖私人确定信息包括燃煤价格、机组燃料耗量特性、单位发电量的期望燃料成本、机组年检修时间和非计划停运时间、厂自用电率、排放强度等。由于不能准确地获得开机运行的有功功率、排放权二级市场交易及其价格，发电商在作决策时，假定前者在允许范围内呈均匀分布，后者交易决策呈 0 ~ 1 分布，发电商之间交易价格在市场规则允许范围内呈均匀分布。发电商之间的交易价格构成公开不确定信息。

$$
\begin{aligned}
&\max \pi_j = W_j \cdot \rho_{wj} - \\
&\max\left(\Gamma_j, 0\right) \cdot \left[\int_{-\infty}^{+\infty} \rho_e^*(\bullet) \cdot \varphi\left(\rho_e^*(\bullet)\right) \mathrm{d}\, \rho_e^*(\bullet) \right] \cdot \operatorname{prob}\left(X = 0 / \Gamma_j > 0\right) - \\
&E_j^* \cdot \rho_e^* - \max\left(\Gamma_j, 0\right) \cdot \rho_e^* \cdot (1+\alpha) \cdot (1+\beta) \cdot \operatorname{prob}\left(X = 1 / \Gamma_j > 0\right) +
\end{aligned}
$$

$$\max\left(-\Gamma_j,0\right)\cdot\left[\int_{-\infty}^{+\infty}\rho_e^*(\bullet\bullet)\cdot\varphi\left(\rho_e^*(\bullet\bullet)\right)\mathrm{d}\,\rho_e^*(\bullet\bullet)\right]\cdot\mathrm{prob}\left(X=0/\Gamma_j\leqslant 0\right)-$$

$$\int_{-\infty}^{+\infty}\left[\frac{a_j+b_j\cdot P_j+c_j\cdot P_j^2}{P_j}\cdot W_j\cdot\left(1+s_j\right)\cdot\rho_{cj}\right]\cdot\varphi\left(P_j\right)\mathrm{d}P_j \tag{9-1}$$

Subject to,

$$\begin{cases}
W_j\leqslant\tau\cdot W^{(D)}\cdot\left(1+s\right) \\
\underline{P_j}\leqslant P_j\leqslant P_j^{(N)} & (9\text{-}2) \\
\underline{\rho_w}\leqslant\rho_{wj}\leqslant\overline{\rho_w} \\
\varphi\left(P_j\right)=\begin{cases}\dfrac{1}{P_j^{(N)}-\underline{P_j}},\text{当}P_j\in\left[\underline{P_j},\ P_j^{(N)}\right] \\ 0,\text{其他}\end{cases} & (9\text{-}3)\ (9\text{-}4) \\
\varphi\left(\rho_e^*(\bullet)\right)=\begin{cases}\dfrac{1}{\left(1+\beta\right)\cdot\left(\rho_e^*\cdot\left(1+\alpha\right)-\underline{\rho_e}\right)}, \\ \quad\text{当}\rho_e^*(\bullet)\in\left[\underline{\rho_e}\cdot\left(1+\beta\right),\ \rho_e^*\cdot\left(1+\beta\right)\cdot\left(1+\alpha\right)\right] \\ 0,\text{其他}\end{cases} & (9\text{-}5)\ (9\text{-}6) \\
\varphi\left(\rho_e^*(\bullet\bullet)\right)=\begin{cases}\dfrac{1}{\rho_e^*\cdot\left(1+\alpha\right)-\underline{\rho_e}},\text{当}\rho_e^*(\bullet\bullet)\in\left[\underline{\rho_e},\ \rho_e^*\cdot\left(1+\alpha\right)\right] \\ 0,\text{其他}\end{cases} & (9\text{-}7) \\
\Gamma_j=W_j\cdot\left(1+s_j\right)\cdot e_j-E_j^* & (9\text{-}8) \\
\mathrm{prob}\left(X=x/\Gamma_j>0\right)=\begin{cases}1/2,\text{当}x=0\text{或}1 \\ 0,\text{其他}\end{cases} \\
\mathrm{prob}\left(X=x/\Gamma_j\leqslant 0\right)=\begin{cases}1/2,\text{当}x=0\text{或}1 \\ 0,\text{其他}\end{cases} & (9\text{-}9) \\
W_j\geqslant 0 & (9\text{-}10)
\end{cases}$$

式中，$(\bullet)$、$(\bullet\bullet)$分别表示发电商在排放权二级市场中购买和出售排放权时价格的影响因素（即相应价格函数的自变量）。Γ_j是发电商j所需排放权数量与竞得排放权数量之差。其他符号的含义与第 6.2 节的界定相同，此处不再赘述。

式 (9−1) 表明，发电商在电力市场作决策时，结合排放权二级市场交易，其期望收益由两部分组成：①申报电量与上网电价之积，即该式的第 1 项；②出售排放权的期望收益，即该式的第 5 项。其期望成本包括：①在初始排放权市场中购买排放权的成本，即该式的第 3 项；②从其他发电商处购买排放权的期望成本，即该式的第 2 项 ；③直接向环境监管者申购排放权的期望成本，即该式的第 4 项；④期望燃料成本，即该式的最后一项。

式 (9−2) 反映的是发电商面临的市场份额约束。式（9−3）、式 (9−4) 分别是机组有功功率约束和电价上下限约束。式 (9−5)、式 (9−6) 和式 (9−7) 分别是随机变量机组运行有功功率、发电商之间排放权交易的购买价格和出售价格的密度函数。式 (9−9) 和式 (9−10) 是发电商在排放权二级市场买卖决策时的两个 0 ～ 1 变量分布律。其中，$\Gamma_j > 0$ 表明发电商需要购买排放权；反之，代表发电商需要出售排放权。$x = 0$ 表明排放权交易在发电商之间进行，$x = 1$ 代表排放权交易在发电商与环境监管者之间进行。因此，式 (9−9) 表明发电商愿意买入排放权，式（9−10) 表明发电商愿意出售排放权。新市场组合不允许发电商向环境监管者出售多余的排放权，事件 $X = 0/\Gamma_j \leqslant 0$ 表明，发电商不能出售其多余的排放权。容易发现，事件 $X = 1/\Gamma_j \leqslant 0$、$X = 1/\Gamma_j > 0$、$X = 0/\Gamma_j > 0$ 也有明确的经济意义，此处不再重复分析。

9.2 模型求解与发电商最优供给函数

为了得到发电商的最优供给函数，本节对第 9.1 节的数学模型进行求解。

结合第 7.2 节的规定，具有约束条件的式 (9−5) 蕴含于式 (9−3) 之中。记发电商的发电量边际利润为 η_j，把式 (9−5) ～式 (9−10) 代入目标函数式 (9−1)，结合约束条件式 (9−2) 和非负约束的有：

情形 (a) ：

当$W_j < \frac{E_j^*}{(1+s_j)\cdot e_j}$且$W_j \in (0, \tau\cdot W^{(D)}\cdot(1+s))$时，

$$(\pi_j)_{W_j}^1 = \eta_j = \rho_{wj} - \frac{1}{4}\left[\underline{\rho_e} + \rho_e^*\cdot(1+\alpha)\right]\cdot(1+s_j)\cdot e_j - B_j\cdot(1+s_j)$$

当$W_j < \frac{E_j^*}{(1+s_j)\cdot e_j}$且 $W_j=0$ 时，

$$(\pi_j)_{0^+}^1 = \lim_{W_j \to 0^+}\left(\frac{\pi_j(W_j) - \pi_j(0)}{W_j}\right)$$

当$W_j < \frac{E_j^*}{(1+s_j)\cdot e_j}$且$W_j = \tau\cdot W^{(D)}\cdot(1+s)$时，

$$(\pi_j)_{(\tau\cdot W^{(D)}\cdot(1+s))^-}^1 = \lim_{W_j \to (\tau\cdot W^{(D)}\cdot(1+s))^-}\left(\frac{\pi_j(W_j) - \pi_j(\tau\cdot W^{(D)}\cdot(1+s))}{W_j - \tau\cdot W^{(D)}\cdot(1+s)}\right)$$

对上述表达式求解得到：

$$\eta_j = \eta_j^{(1)} = \rho_{wj} - \frac{1}{4}\left[\underline{\rho_e} + \rho_e^*\cdot(1+\alpha)\right]\cdot(1+s_j)\cdot e_j - B_j\cdot(1+s_j) \qquad (9\text{—}11)$$

情形（b）：

当$W_j > \frac{E_j^*}{(1+s_j)\cdot e_j}$且$W_j \in (0, \tau\cdot W^{(D)}\cdot(1+s))$时，

$$(\pi_j)_{W_j}^1 = \rho_{wj} - \frac{1}{4}(1+\beta)\cdot\left[\underline{\rho_e} + \rho_e^*\cdot(1+\alpha)\right]\cdot(1+s_j)\cdot e_j - \frac{1}{2}\rho_e^*\cdot(1+\alpha)\cdot(1+\beta)\cdot(1+s_j)\cdot e_j - B_j\cdot(1+s_j)$$

当$W_j > \frac{E_j^*}{(1+s_j)\cdot e_j}$且$W_j = 0$时，

$$(\pi_j)_{0^+}^1 = \lim_{W_j \to 0^+}\left(\frac{\pi_j(W_j) - \pi_j(0)}{W_j}\right)$$

当$W_j > \frac{E_j^*}{(1+s_j)\cdot e_j}$且$W_j = \tau\cdot W^{(D)}\cdot(1+s)$时，

$$\left(\pi_j\right)^{1}_{\left(\tau\cdot W^{(D)}\cdot(1+s)\right)^-}=\lim_{W_j\to\left(\tau\cdot W^{(D)}\cdot(1+s)\right)^-}\left(\frac{\pi_j\left(W_j\right)-\pi_j\left(\tau\cdot W^{(D)}\cdot(1+s)\right)}{W_j-\tau\cdot W^{(D)}\cdot(1+s)}\right)$$

对上述表达式求解得到：

$$\eta_j=\eta_j^{(2)}=\rho_{wj}-\frac{1}{4}(1+\beta)\cdot\left[\underline{\rho_e}+\rho_e^*\cdot(1+\alpha)\right]\cdot\left(1+s_j\right)\cdot e_j-\frac{1}{2}\rho_e^*\cdot(1+\alpha)\cdot(1+\beta)\cdot\left(1+s_j\right)\cdot e_j-B_j\cdot\left(1+s_j\right) \tag{9-12}$$

情形（c）：

当$W_j=\dfrac{E_j^*}{\left(1+s_j\right)\cdot e_j}$时，

$$\eta_j=\eta_j^{(3)}=\left(\pi_j\right)^{/}_{W_j}=\rho_{wj}-B_j\cdot\left(1+s_j\right) \tag{9-13}$$

令$\eta_j\geqslant 0$，可得发电商的最优报价条件：

$$\rho_{wj}\begin{cases}\geqslant\dfrac{1}{4}\left[\underline{\rho_e}+\rho_e^*\cdot(1+\alpha)\right]\cdot\left(1+s_j\right)\cdot e_j+B_j\cdot\left(1+s_j\right)\underline{\underline{\text{记}}}\rho_{wj}^{(1)*}，\text{当}W_j<\dfrac{E_j^*}{\left(1+s_j\right)\cdot e_j}\\ \geqslant\dfrac{1}{4}(1+\beta)\cdot\left[\underline{\rho_e}+\rho_e^*\cdot(1+\alpha)\right]\cdot\left(1+s_j\right)\cdot e_j+\dfrac{1}{2}\rho_e^*\cdot(1+\alpha)\cdot(1+\beta)\cdot\left(1+s_j\right)\cdot e_j\\ +B_j\cdot\left(1+s_j\right)\underline{\underline{\text{记}}}\rho_{wj}^{(2)*}，\text{当}W_j>\dfrac{E_j^*}{\left(1+s_j\right)\cdot e_j}\\ \geqslant B_j\cdot\left(1+s_j\right)\underline{\underline{\text{记}}}\rho_{wj}^{(3)*}，\text{当}W_j=\dfrac{E_j^*}{\left(1+s_j\right)\cdot e_j}\end{cases} \tag{9-14}$$

式（9–14）表明发电商在电力市场的最优报价受到单位发电量的期望燃料成本、自身排放强度、厂自用电率、初始排放权市场的均衡价格等因素的影响，它是申报电量的三段样条函数。只要发电商的报价满足式(9–14)，其申报任一单位电量都会带来非负边际利润。

进一步分析可知，为了增加在电力市场的竞争优势，发电商在初始排放权市场的量价竞报中，最优策略是按式 (7–17) 确定排放权量申报。次优策略高于该数量申报，低于该数量申报属最劣策略。初始排放权市场的三种排放权数量申报策略分别对应电力市场拍卖的申报电价区间式 (9–14) 的第三、第一、第二种情形。从而新市场组合中初始排放权市场的需求函数均衡具有纳什均衡的稳定性，可以抑制发电商利用排放权交易来获取暴利。

记发电商 j 在初始排放权市场竞得的排放权数量决定的上网电量为 $W_j^* = \dfrac{E_j^*}{e_j \cdot (1+s_j)}$，结合条件式 (9–2) 的市场力份额约束、式 (9–4) 的电价范围与非负约束，得到电力市场量价决策时，发电商对申报电量的最优供给量：

当 $W_j < W_j^*$ 时，发电商的申报电价和电量分别为

$\max\left(\underline{\rho_w}, \rho_{wj}^{(1)*}\right) \leqslant \rho_{wj}^{(1)} \leqslant \overline{\rho_w}$ 和

$W_j^{(1)*} \in \left[0, \min\left(W_j^{*-}, P_j^N \cdot (8760 - T_j), \tau \cdot W^{(D)} \cdot (1+s)\right)\right]$

当 $W_j > W_j^*$ 时，发电商申报电价和电量分别为

$\max\left(\underline{\rho_w}, \rho_{wj}^{(2)*}\right) \leqslant \rho_{wj}^{(2)} \leqslant \overline{\rho_w}$ 和

$W_j^{(2)*} \in \left[W_j^{*+}, \min\left(P_j^N \cdot (8760 - T_j), \tau \cdot W^{(D)} \cdot (1+s)\right)\right]$

当 $W_j = W_j^*$ 时，发电商申报电价和电量分别为

$\max\left(\rho_w, \rho_{wj}^{(3)*}\right) \leqslant \rho_{wj}^{(3)} \leqslant \overline{\rho_w}$ 和 $W_j^{(3)*} = \min\left(W_j^*, P_j^N \cdot (8760 - T_j)\right)$

综上所述，发电商在电力市场中的最优供给函数为

$$W_j\begin{cases}\in\left\{\min\left(W_j^*,\ P_j^N\cdot\left(8760-T_j\right)\right)\right\}\underline{\underline{\text{记}}}\ \omega_{j1}\\ \text{报价}:\max\left(\underline{\rho_w},\rho_{wj}^{(3)*}\right)\leqslant\rho_{wj}\leqslant\overline{\rho_w}\ \underline{\underline{\text{记}}}\ \kappa_{j1}\\ \in\left[0,\min\left(W_j^{*-},\ P_j^N\cdot\left(8760-T_j\right),\tau\cdot W^{(D)}\cdot(1+s)\right)\right]\cup\left\{\min\left(W_j^*,P_j^N\cdot\left(8760-T_j\right)\right)\right\}\underline{\underline{\text{记}}}\ \omega_{j2}\\ \text{报价}:\max\left(\underline{\rho_w},\ \rho_{wj}^{(1)*}\right)\leqslant\rho_{wj}\leqslant\overline{\rho_w}\ \underline{\underline{\text{记}}}\ \kappa_{j2}\\ \in\left[0,\min\left(W_j^{*-},P_j^N\cdot\left(8760-T_j\right),\ \tau\cdot W^{(D)}\cdot(1+s)\right)\right]\cup\left[W_j^{*+},\min\left(P_j^N\cdot\left(8760-T_j\right),\ \tau\cdot W^{(D)}\cdot(1+s)\right)\right]\\ \cup\left\{\min\left(W_j^*,\ P_j^N\cdot\left(8760-T_j\right)\right)\right\}\underline{\underline{\text{记}}}\ \omega_{j3}\\ \text{报价}:\max\left(\underline{\rho_w},\rho_{wj}^{(2)*}\right)\leqslant\rho_{wj}\leqslant\overline{\rho_w}\ \underline{\underline{\text{记}}}\ \kappa_{j3}\\ \in\{0\},\text{其他}\end{cases}\tag{9–15}$$

值得注意的是，式（9—14）的 3 个记号分别表示三种情形下发电商的报价下限，式（9—15）的 6 个记号分别表示三种情形下发电商的最优报价曲线的电能数量区间和电价区间。有了这些记号可以方便后面章节证明电力市场中发电商决策行为的特征和市场均衡的特征，不影响对上述两个表达式本身的理解。

发电商在电力市场的报价曲线如图 9—1 所示，它在 $W\text{—}P_W$ 平面上显示最多三段的样条函数。批发电力市场中发电商投标语言是以非初等样条函数表示的 OR 投标。

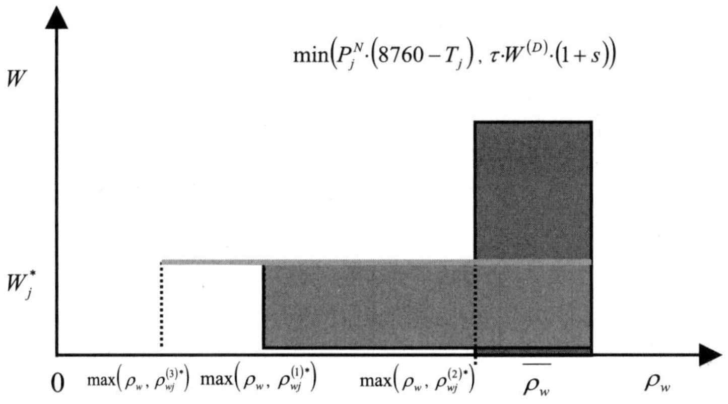

图 9-1　发电商在电力市场的报价曲线

式（9—15）反映了当存在排放权市场约束时，发电商在电力市场的最优供给函数更具复杂性。煤电行业碳减排市场设计在初始排放权市场和电力市场都采取公开、公平竞争的相关同质物品一级密封组合同时拍卖，并允许发电商以数量和价格作为战略决策变量参与到市场竞争中，并设计排放权二级市场交易使发电商可以在电力市场决策时考虑排放权的使用取向。给发电商营造较大决策空间来应对信息不对称和不确定性条件下的市场竞争，因此，发电商更应追求最优化的生产经营决策。显然，发电商的这种行为也有利于市场对资源的优化配置。

式(9—15)最优供给函数是在第 6.1 节基本假设下，发电商依据此阶段所能够获得所有公开信息、私人信息、确定信息和不确定信息得到的，符合式（2—7）、式（2—9）和式（2—10）激励机制设计的激励相容性、个人理性和可行性的要求。

9.3　发电商决策行为特征分析

从第 9.2 节的最优供给函数，可以得到发电商在电力市场决策的主要特征。这些特征说明在新市场组合下，电力市场把电能生产优先配置给具有单位发电量期望燃料成本、排放强度、厂自用电率综合经营优势的发电商，从而使该市场实现资源优化配置。

结合式(9–14)，定义发电商开机边际发电量成本函数为

$$\rho_{wj}^{*}=\rho_{wj}^{*}\left(B_j, e_j, s_j\right)=$$

$$\begin{cases}\rho_{wj}^{(1)*}=\dfrac{1}{4}\left[\underline{\rho_e}+\rho_e^{*}\cdot(1+\alpha)\right]\cdot\left(1+s_j\right)\cdot e_j+B_j\cdot\left(1+s_j\right), \text{当 } W_j<\dfrac{E_j^{*}}{\left(1+s_j\right)\cdot e_j} \\ \rho_{wj}^{(2)*}=\dfrac{1}{4}(1+\beta)\cdot\left[\underline{\rho_e}+\rho_e^{*}\cdot(1+\alpha)\right]\cdot\left(1+s_j\right)\cdot e_j+ \\ \dfrac{1}{2}\rho_e^{*}\cdot(1+\alpha)\cdot(1+\beta)\cdot\left(1+s_j\right)\cdot e_j+B_j\cdot\left(1+s_j\right), \text{当} W_j>\dfrac{E_j^{*}}{\left(1+s_j\right)\cdot e_j} \\ \rho_{wj}^{(3)*}=B_j.\left(1+s_j\right), \text{当} W_j=\dfrac{E_j^{*}}{\left(1+s_j\right).e_j}\end{cases} \quad (9-16)$$

显然，SMPC 值越低，发电商在电力市场的竞争中越具有优势。运用开机边际发电量成本函数，可以证明，发电商决策具有以下特征：

命题 9.1：批发电力市场的组合拍卖中，发电商如有电量申报，则：

(a) 均以三段价格区间报价发电商，其相应价格区间的下限按开机边际发电量成本由优势到劣势构成一个有穷单调递增序列；

(b) 均以两段价格区间报价且申报电量无单点集的发电商，其相应价格区间的下限按开机边际发电量成本由优势到劣势构成一个有穷单调递增序列；

(c) 有单点集电量申报的发电商，其报价下限按开机边际发电量成本由优势到劣势构成一个有穷单调递增序列；

(d) 均以一段价格区间报价，在该价格区间申报电量不为单点集且申报电量上限为初始排放权市场的均衡排放权数量确定发电量的发电商，其价格区

间下限按开机边际发电量成本由优势到劣势构成一个有穷单调递增序列。

证明： 先对市场中的 n 个发电商按 SMPC 是否相等归为 M 类。其中指标函数为

$$I = I_{k_I} = \left\{ (I, k_I) \middle| \begin{array}{l} I = 1, \cdots, M, k_I = 1, \cdots, K_I \\ \rho^*_{w,I_1} = \cdots = \rho^*_{w,I_{k_I}} = \cdots = \rho^*_{w,I_{K_I}} \\ \forall \rho^*_{w,I} \neq \rho^*_{w,r}; r \neq I; 1 \leqslant r, I \leqslant M; 1 \leqslant M, K_I \leqslant n \end{array} \right\}$$

式中，M 为开机边际发电量成本相同的发电商的种类数量，K_I为 SMPC 相同且排第 I 类的发电商数量，$\sum_{I=1}^{M} K_I = n$。

在式（9—16）中，求函数的梯度向量，有

$$\nabla \rho^{(1)*}_{wI}(B_I,\ s_I,\ e_I) > 0$$
$$\nabla \rho^{(2)*}_{wI}(B_I,\ s_I,\ e_I) > 0$$
$$\nabla \rho^{(3)*}_{wI}(B_I,\ s_I) > 0$$

从而 ρ^*_{wI} 在各种情形下都是相应成本变量的严格单调递增函数。

假定 M 类发电商的开机边际发电量成本由优势到劣势排列为$\rho^*_{w1} < \rho^*_{w2} < \cdots \rho^*_{wI^*} < \cdots < \rho^*_{wM}$，其中，$1 \leqslant I^* \leqslant M$，第 $I(I \leqslant I^*)$ 类发电商在电力市场量价竞报中有电量申报，第 $I(I > I^*)$ 类发电商不参与电力市场量价竞报，即 I^* 是电力市场中有无电量申报的临界类发电商。

在式（9—15）中，记量价空间，$\Pi_{I,v} = (\omega_{I,v}, \kappa_{I,v})^T$，$v = 1,2,3$

$\forall I \in [1, M]$，$v \in [1,3]$，$\exists \Pi_{I,v} = \varnothing \Leftrightarrow \omega_{I,v} = \varnothing$ 或 $\kappa_{I,v} = \varnothing$

于是，

$$I \leqslant I^* \Leftrightarrow \left[\bigcup_{v=1}^{3} \Pi_{I,v} \right] \neq \varnothing$$

（a）此时，由式（9—15）最优供给函数，先假定$\forall I \leqslant I^*$发电商均以三段价格区间报价：

$$\left.\begin{array}{l}\forall v,\ \exists \Pi_{I,v} \neq \varnothing \\ \left(\omega_{I,3} \setminus \omega_{I,2}\right) \neq \varnothing\end{array}\right\} \Rightarrow$$

$$\left.\begin{array}{l}\max\left(\underline{\rho_w},\ \rho_{w,\ I}^{(3)*}\right) \leqslant \max\left(\underline{\rho_w},\ \rho_{w,\ I}^{(1)*}\right) < \max\left(\underline{\rho_w},\ \rho_{w,\ I}^{(2)*}\right) \\ \max\left(\underline{\rho_w},\ \rho_{w,\ I}^{(3)*}\right) \leqslant \overline{\rho_w} \\ \max\left(\underline{\rho_w},\ \rho_{w,\ I}^{(1)*}\right) \leqslant \overline{\rho_w} \\ \max\left(\underline{\rho_w},\ \rho_{w,\ I}^{(2)*}\right) \leqslant \overline{\rho_w}\end{array}\right\} \Rightarrow$$

$$\underline{\rho_w} \leqslant \max\left(\underline{\rho_w},\ \rho_{w,\ I}^{(3)*}\right) < \rho_{w,\ I}^{(1)*} < \rho_{w,\ I} \leqslant \overline{\rho_w}$$

对于 $\kappa_{I,1}$ ，有穷序列

$$\left[\max\left(\underline{\rho_w},\ \rho_{w,1}^{(3)*}\right), \max\left(\underline{\rho_w},\ \rho_{w,2}^{(3)*}\right), \cdots, \max\left(\underline{\rho_w},\ \rho_{w,I^*}^{(3)*}\right), \cdots, \max\left(\underline{\rho_w},\ \rho_{w,M}^{(3)*}\right)\right]$$

的单调性；有穷序列 $\left[\rho_{w,1}^{(3)*},\ \rho_{w,2}^{(3)*},\ \cdots,\ \rho_{w,I^*}^{(3)*},\ \cdots,\ \rho_{w,M}^{(3)*}\right]$ 的单调性；

由于 $\rho_{w,1}^{(3)*} < \rho_{w,2}^{(3)*} < \cdots < \rho_{w,I^*}^{(3)*} < \cdots < \rho_{w,M}^{(3)*}$，故

$$\max\left(\underline{\rho_w},\ \rho_{w,1}^{(3)*}\right) < \max\left(\underline{\rho_w},\ \rho_{w,2}^{(3)*}\right) < \cdots <$$

$$\max\left(\underline{\rho_w},\ \rho_{w,I^*}^{(3)*}\right) < \cdots < \max\left(\underline{\rho_w},\ \rho_{w,M}^{(3)*}\right)$$

对于 $\kappa_{I,1}$ ，由所有 $\exists\kappa_{I,1}$ 的发电商构成的该区间下限形成的序列是有穷序列 $\left[\max\left(\underline{\rho_w},\ \rho_{w,1}^{(3)*}\right), \max\left(\underline{\rho_w},\ \rho_{w,2}^{(3)*}\right), \cdots \max\left(\underline{\rho_w},\ \rho_{w,I^*}^{(3)*}\right), \cdots \max\left(\underline{\rho_w},\ \rho_{w,M}^{(3)*}\right)\right]$ 的子序列。

对于 $\kappa_{I,2}$ 与 $\kappa_{I,3}$，前已证明

$$\rho_{w,1}^{(1)*} < \rho_{w,2}^{(1)*} < \cdots < \rho_{w,I^*}^{(1)*} < \cdots < \rho_{w,M}^{(1)*}$$

$$\rho_{w,1}^{(2)*} < \rho_{w,2}^{(2)*} < \cdots < \rho_{w,I^*}^{(2)*} < \cdots < \rho_{w,M}^{(2)*}$$

又由于 $1 \leqslant M$，K_{I^*}，$K_I \leqslant n$，$\sum_{I=1}^{I^*} K_{I^*} \leqslant \sum_{I=1}^{M} K_I = n$。故上述三个有穷序列按有电量申报发电商展开仍然为有穷单调递增序列，但是不必然严格单调。

(b) 此时，由式（9–15），仍然先假定 $\forall I \leqslant I^*$ 发电商均以两段价格区间

报价且申报发电量无单点集，有

$$\left.\begin{array}{l}\omega_{I,1}=\kappa_{I,1}=\varnothing\\ \Pi_{I,2}\neq\varnothing\\ \Pi_{I,3}\neq\varnothing\\ \left(\omega_{I,3}/\omega_{I,2}\right)\neq\varnothing\end{array}\right\}\Rightarrow\left.\begin{array}{l}\max\left(\underline{\rho_w},\rho_{w,I}^{(1)*}\right)<\max\left(\underline{\rho_w},\ \rho_{w,I}^{(2)*}\right)\\ \max\left(\underline{\rho_w},\rho_{w,I}^{(1)*}\right)\leqslant\overline{\rho_w}\\ \max\left(\underline{\rho_w},\rho_{w,I}^{(2)*}\right)\leqslant\overline{\rho_w}\end{array}\right\}\Rightarrow$$

$$\rho_w\leqslant\max\left(\rho_w,\ \rho_{wj}^{(1)*}\right)<\rho_{w,I}^{(2)*}\leqslant\overline{\rho_w}$$

对于$\kappa_{I\ 2}$，有穷序列$\left[\max\left(\underline{\rho_w},\rho_{w,1}^{(1)*}\right),\max\left(\underline{\rho_w},\rho_{w,2}^{(1)*}\right)\cdots\max\left(\underline{\rho_w},\ \rho_{w,I^*}^{(1)*}\right)\cdots\max\left(\underline{\rho_w},\ \rho_{w,M}^{(1)*}\right)\right]$的单调性⇔有穷序列$\left[\rho_{w,1}^{(1)*},\ \rho_{w,2}^{(1)*},\ \cdots,\ \rho_{w,I^*}^{(1)*},\ \cdots,\ \rho_{w,M}^{(1)*}\right]$的单调性。

结合（a）的证明过程：

$$\max\left(\underline{\rho_w},\ \rho_{w,1}^{(1)*}\right)<\max\left(\underline{\rho_w},\ \rho_{w,2}^{(1)*}\right)<\cdots<\max\left(\underline{\rho_w},\ \rho_{w,I^*}^{(1)*}\right)<\cdots<\max\left(\underline{\rho_w},\ \rho_{w,M}^{(1)*}\right)$$

而由所有$\exists\kappa_{I,2}$的发电商，他们的该价格区间下限构成的有穷序列是有穷序列$\left[\max\left(\underline{\rho_w},\ \rho_{w,1}^{(1)*}\right),\max\left(\underline{\rho_w},\rho_{w,2}^{(1)*}\right)\cdots\max\left(\underline{\rho_w},\ \rho_{w,I^*}^{(1)*}\right)\cdots\max\left(\underline{\rho_w},\ \rho_{w,M}^{(1)*}\right)\right]$的子序列。

对于$\kappa_{I,3}$，前已证明：

$$\rho_{w,1}^{(2)*}<\rho_{w,2}^{(2)*}<\cdots<\rho_{w,I^*}^{(2)*}<\cdots<\rho_{w,M}^{(2)*}$$

结合上述指标函数可知，上述两个有穷序列按有电量申报的发电商展开仍为有穷单调递增序列。

（c）$\exists I\in\left[1,I^*\right]$，满足$\omega_{I,1}\neq\varnothing\cap\kappa_{I,1}\neq\varnothing$

对于$\kappa_{I,1}$，由所有$\exists\kappa_{I,1}$的发电商构成的该价格区间下限形成的序列是有穷序列$\left[\max\left(\underline{\rho_w},\ \rho_{w,1}^{(3)*}\right),\max\left(\underline{\rho_w},\ \rho_{w,2}^{(3)*}\right)\cdots\max\left(\underline{\rho_w},\ \rho_{w,I^*}^{(3)*}\right)\cdots\max\left(\underline{\rho_w},\ \rho_{w,M}^{(3)*}\right)\right]$的子序列。

结合（a）的证明过程可知，该结论成立。

(d) $\forall I \in [1, I^*]$，满足$\omega_{I,1} = \kappa_{I,1} = \varnothing$；

且对于$\forall j \in \bigcup_{I=1}^{I^*}\left(\bigcup_{k_I=1}^{K_I} I_{k_I}\right)$。

$$\left.\begin{array}{l}\min\left(W_j^{*-}, P_j^N\cdot(8760 - T_j), \tau\cdot W^{(D)}\cdot(1+s)\right) = W_j^{*-} \approx W_j^* \\ \\ \max\left\{\begin{array}{l}\left[0, \min\left(W_j^{*-}, P_j^N\cdot(8760 - T_j), \tau\cdot W^{(D)}\cdot(1+s)\right)\right]\cup \\ \left[W_j^{*+}, \min\left(P_j^N\cdot(8760 - T_j), \tau\cdot W^{(D)}\cdot(1+s)\right)\right]\cup\left\{W_j^*\right\}\end{array}\right\} = W_j^{*-}\text{或}W_j^{*+} \approx W_j^* \\ \\ \Rightarrow \omega_{I,2} = \omega_{I,3}\end{array}\right\}$$

从而，$\kappa_{I,3} = (\omega_{I,3} / \omega_{I,2}) = \varnothing$ 即$\omega_{I,2} \neq \varnothing$且 $\kappa_{I,2} \neq \varnothing$。

结合 (a) 证明过程可知，该命题成立。

该命题表明，新市场组合下，电力市场拥有 SMPC 优势的发电商有报低价的趋势。同时发电商高于或低于式（9—15）报价都会面临期望利润损失的风险。从报价角度，电力市场和排放权二级市场的规则可以引导发电商报价行为满足式（2—13）经济调度对发电商真实成本排序的要求，符合式（2—9）和式（2—10）机制设计的激励相容性和个人理性。因此新市场组合下，电能生产将会优先配置给具有单位发电量期望燃料成本、排放强度、厂自用电率综合竞争优势的发电商，可以发挥碳排放权交易市场和电力市场条件下经济调度的资源优化配置效应。这从报价的角度表明，发电商的最优供给函数组成的供给函数均衡具有纳什均衡的稳定性。

命题 9.2：在批发电力市场的组合拍卖中，发电商如果有电量申报，则：

(a) 发电商电量申报的下限为初始排放权市场均衡排放权数量确定的申报电量或零，上限为机组有功技术约束上限确定的申报电量或市场力确定的申报电量或初始排放权市场均衡排放权数量确定的申报电量；

(b) 均以两段价格区间报价且申报电量不为单点集的发电商，其申报电量区间的上限按机组有功技术出力由高到低呈单调递减序列。

证明：(a) 第 9.2 节最优供给函数的求解过程构成本命题证明的主体部分。在式（9–15）中有：

$\left[\bigcup_{v=1}^{3}\Pi_{I,v}\right]\neq\varnothing$

对于$I\in\left[1,I^*\right]$，$k_I=1\cdots K_I$

如果$\Pi_{I,1}\neq\varnothing$，则

$\min\left(\omega_{I_{k_I},1}\right)=W^*_{I_{k_I}}$；$\max\left(\omega_{I_{k_I},1}\right)=W^*_{I_{k_I}}$

如果$\Pi_{I,2}\neq\varnothing$，则

$\min\left(\omega_{I_{k_I},2}\right)=0$

$\max\left(\omega_{I_{k_I},2}\right)=P^N_{I_{k_I}}\cdot\left(8760-T_{I_{k_I}}\right)$或$\tau\cdot W^{(D)}\cdot(1+s)$或$\left(W^{*-}_{I_{k_I}}\approx W^*_{I_{k_I}}\right)$

如果$\Pi_{I,3}\neq\varnothing$，则

$\min\left(\omega_{I_{k_I},3}\right)=0$或$\left(W^{*+}_{I_{k_I}}\approx W^*_{I_{k_I}}\right)$

$\max\left(\omega_{I_{k_I},3}\right)=P^N_{I_{k_I}}\cdot\left(8760-T_{I_{k_I}}\right)$或$\tau\cdot W^{(D)}\cdot(1+s)$或$\left(W^{*-}_{I_{k_I}}\approx W^*_{I_{k_I}}\right)$

(b) 假定所有满足$\left[\bigcup_{v=1}^{3}\Pi_{I_{k_I},v}\right]\neq\varnothing$，$I\in\left[1,M\right]$，$k_I$=1，2，…，$K_I$的发电商均以两段价格区间报价且申报发电量不为单点集。此时，在式(9–15)中的有：

$$\left.\begin{array}{l}\omega_{I,1}=\kappa_{I,1}=\varnothing\\ \Pi_{I,2}\neq\varnothing\\ \Pi_{I,3}\neq\varnothing\\ \left(\omega_{I,3}/\omega_{I,2}\right)\neq\varnothing\end{array}\right\}\Rightarrow\begin{array}{l}\max\left(\omega_{I_{k_I},2}\right)\leqslant W^{*-}_{I_{k_I}}\left(\approx W^*_{I_{k_I}}\approx W^{*+}_{I_{k_I}}\right)<\max\left(\omega_{I_{k_I},3}\right)\Rightarrow\\ \max\left(\omega_{I_{k_I},3}\right)=P^N_{I_{k_I}}\cdot\left(8760-T_{I_{k_I}}\right)\text{或}\tau\cdot W^{(D)}\cdot(1+s)\end{array}$$

故由所有满足式$\left[\bigcup_{v=1}^{3}\Pi_{I_{k_I},v}\right]\neq\varnothing$，$I\in\left[1,M\right]$，$k_I=1$，…，$K_I$的发电商申报

电量的上限按机组有功技术出力由高到低呈单调递减序列。

而满足式$\omega_{I,1}=\kappa_{I,1}=\varnothing$，$\Pi_{I,2}\neq\varnothing$，$\Pi_{I,3}\neq\varnothing$，$\left(\omega_{I,3}/\omega_{I,2}\right)\neq\varnothing$的发电商申报的电量上限构成的序列是上述有穷序列的子序列。

该命题表明，新市场组合下，发电商在电力市场的申报电量符合式(2–12)电力系统经济调度对发电商上网电量的要求避免了发电商运用物理囤积方式行使市场力。结合命题9.1的结论可知，具有开机边际成本优势的发电商的申报电量将会优先得到满足。这些特征有利于发挥碳排放权交易市场和电力市场条件下经济调度的资源优化配置功能。

结合式(9–15)最优供给函数可知，新市场组合下，发电商降低申报电量下限（上限）或提高申报电量下限（上限）都会带来期望利润损失。从而命题9.2从发电商申报电量的角度表明，所有发电商的最优供给函数组成的供给函数均衡具有纳什均衡的稳定性。

发电商向电力监管者提交最优供给函数进行电能供给的数量–价格申报后，下一章分析批发电力市场的均衡状态，对市场均衡的主要特征和本章主要结论进行数值仿真检验。

第 10 章　电力市场均衡和有效性检验

上一章运用组合拍卖理论和供给函数均衡理论，得到发电商在批发电力市场的申报曲线。本章首先推导出电力市场的供给曲线。其次，结合市场需求曲线，定义均衡向量空间(EVS)，运用 EVS 精炼规则得到电力市场的精炼纳什均衡，实现上网电量的定价和分配，完成在保证国民经济电力的前提下排放权资源的有效配置。再次，分析电力市场均衡状态的主要特征。这些特征表明，新市场组合下电力市场可以促进电能生产的优化配置，通过经济调度途径激励发电商减少碳排放，实现经济、电能、环境的协调发展。最后，对第 9 章发电商决策行为的主要特征和电力市场均衡状态的主要特征进行数值仿真检验，验证它们的正确性和新市场组合的有效性。

10.1　电力市场供给函数与市场均衡

由第 9.2 节可知，所有发电商根据式（9−15）密封申报量价曲线构成电力市场的供给函数均衡。求解该均衡可以实现上网电量的市场定价和电能生产的优化配置。

电力监管者加总发电商的最优电量、价格申报曲线，得到如式(10−1)市场供给曲线。式(10−1)是根据在电力市场中有申报电量的所有发电商各自的3个电量区间按照对应的价格区间下限排序进行加总得到的，不同的价格区间对应不同的电量区间。$\left(\mu_1\cdots\mu_t\cdots\mu_{\max}\right)$表示电力市场供给函数的不同样条，如图10−1所示，它在$W-\rho_w$平面上是有限的样条函数。

$$
W^{(S)}\left(\rho_w\right)\in\begin{cases}
\left[\sum\limits_{I\in\mu_{\max}}\sum\limits_{k_I=1}^{K_I}\sum\limits_{v=1}^{3}\min\omega_{\left(I_{k_I},v\right)},\sum\limits_{I\in\mu_{\max}}\sum\limits_{k_I=1}^{K_I}\sum\limits_{v=1}^{3}\max\omega_{\left(I_{k_I},v\right)}\right]，当\rho_w^{(\mu_{\max})}\leqslant\rho_w\leqslant\overline{\rho_w} \\
式中，\mu_{\max}=\left\{I\left|I=1\cdots I^*且\rho_w^{(\mu_{t_{\max}})}=\max\bigcup\limits_{I=1}^{I^*}\bigcup\limits_{v=1}^{3}\left(\min\limits_{(\Pi_{I,v}\neq\varnothing)}\kappa_{I,v}\right)\right.\right\} \\
\cdots \\
\left[\sum\limits_{I\in\mu_t}\sum\limits_{k_I=1}^{K_I}\sum\limits_{v=1}^{3}\min\omega_{\left(I_{k_I},v\right)},\sum\limits_{I\in\mu_t}\sum\limits_{k_I=1}^{K_I}\sum\limits_{v=1}^{3}\max\omega_{\left(I_{k_I},v\right)}\right]，当\rho_w^{(\mu_t)}\leqslant\rho_w\leqslant\overline{\rho_w} \\
式中，\mu_t=\left\{I\left|\begin{array}{l}I=1\cdots I^*，且 \\ \rho_w^{(\mu_t)}=\left[\min\bigcup\limits_{I=1}^{I^*}\bigcup\limits_{v=1}^{3}\left[\min\limits_{(\Pi_{I,v}\neq\varnothing)}\kappa_{I,v}\right]\right]/\bigcup\limits_{\gamma=0}^{t-1}\left\{\rho_w^{(\mu_\gamma)}\right\}\end{array}\right.\right\} \\
1\leqslant t\leqslant 3I^*；\ \rho_w^{(\mu_0)}=\varnothing \\
\cdots \\
\left[\sum\limits_{I\in\mu_1}\sum\limits_{k_I=1}^{K_I}\sum\limits_{v=1}^{3}\min\omega_{\left(I_{k_I},v\right)},\sum\limits_{I\in\mu_1}\sum\limits_{k_I=1}^{K_I}\sum\limits_{v=1}^{3}\max\omega_{\left(I_{k_I},v\right)}\right]，当\rho_w^{(\mu_1)}\leqslant\rho_w\leqslant\overline{\rho_w} \\
式中，\mu_1=\left\{I\left|\begin{array}{l}I=1\cdots I^*，且 \\ \rho_w^{(\mu_1)}=\min\bigcup\limits_{I=1}^{I^*}\bigcup\limits_{v=1}^{3}\left[\min\limits_{(\Pi_{I,v}\neq\varnothing)}\kappa_{I,v}\right]\end{array}\right.\right\} \\
0，其他
\end{cases}
\tag{10−1}
$$

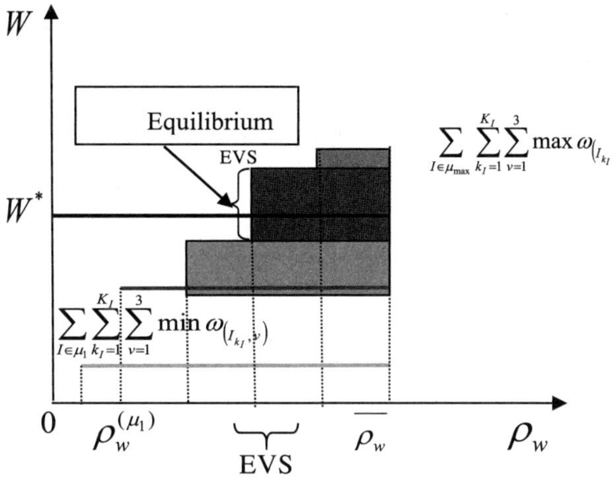

图 10-1　电力市场供给曲线和市场均衡

市场供给函数的量价空间可表示为

$$\Omega_t=\left(\omega^{(S)}\left(\mu_t\right),\ \rho_w^{(S)}\left(\mu_t\right)\right)^T \tag{10-2}$$

式中，

$$\omega^{(S)}\left(\mu_t\right)=\left[\sum_{I\in\mu_t}\sum_{k_I=1}^{K_I}\sum_{v=1}^{3}\min\omega_{\left(I_{k_I},v\right)},\sum_{I\in\mu_t}\sum_{k_I=1}^{K_I}\sum_{v=1}^{3}\max\omega_{\left(I_{k_I},v\right)}\right]$$

$\rho_w^{(S)}\left(\mu_t\right)=\left[\rho_w^{(\mu_t)},\overline{\rho_w}\right]$； $1\leqslant t\leqslant 3I^*$； $\rho_w^{(\mu_0)}=\varnothing$； $I=1\cdots I^*$； $k_I=1\cdots K_I$

根据定义，有

$$\Omega_t=\varnothing\Leftrightarrow\left[\omega^{(S)}\left(\mu_t\right)=\varnothing\right]\cup\left[\rho_w^{(S)}\left(\mu_t\right)=\varnothing\right]$$

电力协调监管下，电力市场的需求函数由电力监管者根据国民经济发展对电能需求、电网传输效率（电网综合网损率）等因素确定。结合市场供给函数，可得到式 (10–3) 电力市场的均衡电量和 MCP 定价方式下的均衡电价。

为了在合理区间内适当地降低上网电价，激励发电商降低单位发电量期望燃料成本、厂自用电率、排放强度，改善经营优势，电力监管者在确定上网电价时，取均衡向量空间 (EVS) 价格下限作为市场出清价 (MCP)。本书称为均衡向量空间定价规则。如图 10−1 所示，均衡向量空间价格范围是指在 $W-\rho_w$平面上，均衡电量直线穿过的第一个供给量价空间或其紧上样条曲线所在供给量价空间对应的价格范围，除去其紧后供给量价空间所对应的价格范围。

$$\begin{cases} W^{(*)}=W^{(D)}\cdot(1+s)\begin{cases}\in\omega^{(S)}\left(\mu_{t^*}\right)\\ \in\left(\max\omega^{(S)}\left(\mu_{(t^*-1)}\right),\min\omega^{(S)}\left(\mu_{t^*}\right)\right)\end{cases}\\ \rho_w^{(*)}=\min\left\{\rho_w^{(S)}\left(\mu_{t^*}\right)\right\}\end{cases} \tag{10−3}$$

其中，

$$t^*=\left\{\min(t)\left|\begin{array}{l}\sum\limits_{I\in\mu_t}\sum\limits_{k_I=1}^{K_I}\sum\limits_{v=1}^{3}\min\omega_{\left(I_{k_I},v\right)}\leqslant W^{(D)}\cdot(1+s)\leqslant\\ \sum\limits_{I\in\mu_t}\sum\limits_{k_I=1}^{K_I}\sum\limits_{v=1}^{3}\max\omega_{\left(I_{k_I},v\right)}\end{array}\right.\right\}\cup$$

$$\left\{t\left|\begin{array}{l}W^{(D)}\cdot(1+s)\notin\omega^{(S)}\left(\mu_t\right)\text{且}\\ \sum\limits_{I\in\mu_{(t-1)}}\sum\limits_{k_I=1}^{K_I}\sum\limits_{v=1}^{3}\max\omega_{\left(I_{k_I},v\right)}<W^{(D)}\cdot(1+s)<\sum\limits_{I\in\mu_t}\sum\limits_{k_I=1}^{K_I}\sum\limits_{v=1}^{3}\min\omega_{\left(I_{k_I},v\right)}\end{array}\right.\right\}$$

均衡向量空间（EVS）为

$$\Omega_{t^{**}}=\left(\omega^{(S)}\left(\mu_{t^*}\right),\rho_w^{(S)}\left(\mu_{t^*}\right)/\bigcup_{\gamma=t^*+1}^{3I^*}\rho_w^{(S)}\left(\mu_\gamma\right)\right)^T \tag{10−4}$$

显然，$\Omega_{t^{**}}\neq\varnothing$。值得注意的是，$t^*$和 t^{**}分别是供给函数中电力需求量得到满足的最小指标样条和该样条中属于均衡向量空间的那部分，两者不同。

结合式（2−11）～式（2−13）对电力系统经济调度的要求，以及命题 9.1 发电商在电力市场报价的排序特征，为实现经济调度和节能减排，优化资源配置，电力监管者在发电商之间分配发电量时，负荷（均衡发电量）优先满足均衡向量空间 (EVS) 价格下限，以下仍有申报量的发电商在均衡空间的申报量，在均衡向量空间价格下限开始有申报量的发电商平均分配剩余负荷；如果负荷仍有剩余，则在次高价格区间（均衡向量空间价格上限）开始有申报量发电商平均分配该剩余量……直至负荷被分配完为止。本书称为均衡向量空间分配规则。该分配规则和均衡向量空间定价规则共同构成电力市场供给函数均衡的 EVS 精炼规则。

10.2　电力市场均衡特征分析

第 10.1 节从发电商的申报曲线推导出批发电力市场的供给曲线，结合市场需求曲线，界定均衡向量空间精炼规则，得到电力市场的精炼纳什均衡，实现电力市场定价和负荷在发电商之间的分配。本节证明电力市场均衡状态的主要特征。该特征表明，新市场组合下的电力市场可以促进电能生产的优化配置，发挥经济调度功能，激励发电商减少碳排放。

命题 10.1：在电力市场均衡状态下：

(a) 在均衡量价空间有发电量申报的发电商，其竞得的均衡发电量要么为机组有功技术出力上限（或市场力约束下的发电量或初始排放权市场均衡排放权量确定的发电量），要么平均分配剩余负荷；

(b) 在 (a) 中的发电商存在未满足机组有功技术出力上限（且未达到市场力约束下发电量和初始排放权市场均衡排放权量确定发电量）下，则不属于均衡量价空间的发电商的均衡发电量为零；

(c) 在 (a) 中所有发电商的均衡发电量满足机组有功技术出力上限（或市场力约束下的发电量或初始排放权市场均衡排放权量确定的发电量）下，则不属于均衡量价空间发电商均衡发电量要么为机组有功技术出力上限（或市场力约束下的发电量或初始排放权市场均衡排放权量确定的发电量），要么为零，要么平均分配剩余负荷。

证明：(a)，由式（10−1）可知，电力市场供给函数的非空量价空间 (Ω_t)

最多$3I^*$个。其最低价格区间所在量价空间为$\Omega_1=\left(\omega^{(S)}(\mu_1),\ \rho_w^{(S)}(\mu_1)\right)^T\neq\varnothing$。

现在将市场供给函数的所有量价空间按价格区间，

$$\left\{\min\rho_w^{(S)}(\mu_1),\ \cdots,\ \min\rho_w^{(S)}\left(\mu_{t^*-1}\right),\ \min\rho_w^{(S)}\left(\mu_{t^*}\right),\ \min\rho_w^{(S)}\left(\mu_{t^*+1}\right),\ \cdots,\ \min\rho_w^{(S)}\left(\mu_{t^{\max}}\right)\right\}$$

排列为$\left\{\Omega_1,\cdots,\Omega_{(t^*-1)},\ \Omega_{t^*},\ \Omega_{(t^*+1)},\ \cdots,\ \Omega_{t^{\max}}\right\}$。

根据 EVS 分配原则，对于发电商$j\in I_{k_I}$，$I\in\left(\Omega_{t^*}\cap\Omega_1\right)$，在电力市场上竞得的均衡发电量为

$$W_j^{**}=\begin{cases}\min\left(W_j^*,\ P_j^N\cdot(8760-T_j),\ \tau\cdot W^{(D)}\cdot(1+s)\right)\text{或}\\ \dfrac{1}{\sum\limits_{\left(I\in\Omega_{t^*}\cap\Omega_1\right)}\sum\limits_{k_I=1}^{K_I}I_{k_I}}\cdot W^{(D)}\cdot(1+s)\,;\\ \qquad\text{当}\kappa_{I,3}=\varnothing\text{或}\exists\kappa_{I,3}\text{且}\kappa_{I,3}\subseteq\rho_w^{(S)}(\mu_2)\\ \\ \min\left(P_j^N\cdot(8760-T_j),\ \tau\cdot W^{(D)}\cdot(1+s)\right)\text{或}\\ \dfrac{1}{\sum\limits_{\left(I\in\Omega_{t^*}\cap\Omega_1\right)}\sum\limits_{k_I=1}^{K_I}I_{k_I}}\cdot W^{(D)}\cdot(1+s)\,;\\ \qquad\text{当}\exists\kappa_{I,3}\text{且}\kappa_{I,3}\subseteq\rho_w^{(S)}(\mu_1)\end{cases}$$

对于发电商$j\in I_{k_I}$，$I\in\left(\left(\Omega_{t^*}\cap\Omega_t\right)/\bigcup\limits_{r=1}^{t-1}\Omega_r\right)$，$t\in\left[1,t^{\max}\right]$，在电力市场上竞得的均衡发电量为

$$W_j^{**}=\begin{cases}\min\left(W_j^*,\ P_j^N\cdot\left(8760-T_j\right),\ \tau\cdot W^{(*)}\right)\text{或}\\ \dfrac{1}{\sum\limits_{I\in\left(\left(\Omega_{t^*}\cap\Omega_t\right)\setminus\bigcup\limits_{r=1}^{t-1}\Omega_r\right)}\sum\limits_{k_I=1}^{K_I}I_{k_I}}\cdot W^{(*)t,remain};\\ \quad\text{当}\kappa_{I,3}=\varnothing\text{或}\exists\kappa_{I,3}\text{且}\kappa_{I,3}\subseteq\rho_w^{(S)}\left(\mu_{t+1}\right);\ t\in\left[1,t^{\max}\right]\\ \min\left(P_j^N\cdot\left(8760-T_j\right),\ \tau\cdot W^{(*)}\right)\text{或}\\ \dfrac{1}{\sum\limits_{I\in\left(\left(\Omega_{t^*}\cap\Omega_t\right)\setminus\bigcup\limits_{r=1}^{t-1}\Omega_r\right)}\sum\limits_{k_I=1}^{K_I}I_{k_I}}\cdot W^{(*)t,remain};\\ \quad\text{当}\exists\kappa_{I,3}\text{且}\kappa_{I,3}\subseteq\rho_w^{(S)}\left(\mu_t\right);\ t\in\left[1,\ t^{\max}\right]\end{cases}$$

式中，$\rho_w^{(S)}\left(\mu_{t^{\max}+1}\right)=\varnothing$

$$W^{(*)t,remain}=W^{(*)}-\sum_{I\in\left(\bigcup\limits_{r=1}^{t-1}\left(\Omega_{t^*}\cap\Omega_r\right)\right)}\sum_{k_I=1}^{K_I}W_{I_{k_I}}^{**}\geqslant 0\text{。}$$

(b) 此时，有

$W^{(*)t^*,remain}\geqslant 0$，$\forall t\in\left[t^*+1,3I^*\right]$，存在 $W^{(*)t,remain}=0$。

对于发电商$j\in I_{k_I}$，$\notin\Omega_{t^*}$，在电力市场上竞得的均衡发电量为零。

(c) 此时，有

$W^{(*)t^*+1,remain}>0$，$\forall t\in\left[t^*+1,3I^*\right]$，存在 $W^{(*)t,remain}\geqslant 0$。

由 (a) 可知，对于发电商$j\in I_{k_I}$，$I\notin\Omega_{t^*}$，(c) 命题成立。

一种特殊情形是，均衡向量空间中发电商的 SMPC 都不相同，则在电力市场均衡状态下，最多一个进入调度序列发电商未达到容量上限约束（或市场力约束下的发电量或初始排放权市场获得排放权确定的发电量）。

命题 10.1 表明，新市场组合下电能生产配置满足式（2–11）～式（2–13）对电力系统经济调度的要求，符合式（2–7）～式（2–10）机制设计的激励相容性和个人理性。该配置可以发挥经济调度功能，促进电力市场资源优化配置，激励发电商减少碳排放。

10.3 电力市场有效性检验模型与数据获取

10.3.1 检验模型

本节从两方面检验新市场组合下电力市场的有效性：一是通过第 8.3 节的数据进行数值仿真，验证第 9.2 节和 9.3 节以及第 10.1 节和 10.2 节主要结论的存在性。二是建立排放权作为有偿生产要素下，目前电力市场普遍采用的 MCP 竞价模型（检验模型）。通过对比说明，新市场组合下的电力市场（被检验模型）可以更有效地激励发电商减少碳排放，并且把碳价向电价转移的比例控制在合理范围——不高于检验模型的转嫁水平，或至少不高于 Bonacina、Gulli 和 Weigt 以及 Hirschhausen 揭示 EU ETS 和德国 ETS 的 100% 转嫁水平，从而抑制了发电商通过碳价向电价转嫁来获取暴利的投机行为。

目前电力市场绝大部分排放权是免费分配的，不考虑排放权二级市场交易下，结合第 6.1 节基本假设（1）~（3）和（5）~（8），发电商进行电力市场申报决策时，期望利润由售电收益、期望燃料成本两部分组成。把排放权作为有偿生产要素时，发电商成本还包括购买排放权成本，从而检验模型中，发电商的决策可用式（10–5）~式（10–9）数学模型描述。其中，排放权检验价格可以是现实排放权市场的结算价格、前述初始排放权市场 MCP 价格，也可以是发电商在新市场组合下实际面临的结算价格。本书选择新市场组合下，初始排放权市场 MCP 价格为排放权检验价格。

$$\max\pi_j = W_j\cdot\rho_{wj} - W_j\cdot(1+s_j)\cdot e_j\cdot\rho_{ej}^{(test)} - \int_{-\infty}^{+\infty}\left[\left(a_j+b_j\cdot P_j+c_j\cdot P_j^2\right)\cdot\frac{W_j\cdot(1+s_j)}{P_j}\cdot\rho_{cj}\right]\cdot\varphi(P_j)\mathrm{d}P_i \tag{10-5}$$

Subject to,

$$\begin{cases} W_j \leqslant \tau\cdot W^{(D)}\cdot(1+s) & (10-6)\\ \underline{P_j} \leqslant P_j \leqslant P_j^{(N)} & (10-7)\\ \underline{\rho_w} \leqslant \rho_{wj} \leqslant \overline{\rho}_w & (10-8)\\ \varphi(P_j) = \begin{cases} \dfrac{1}{P_j^{(N)} - \underline{P_j}}, 当\rho_w \in \left[\underline{P_j}, P_j^{(N)}\right] \\ 0, 其他 \end{cases} & (10-9)\\ W_j \geqslant 0 \end{cases}$$

检验模型除了排放权检验价格用$\rho_{ej}^{(test)}$表示，其他的变量和符号与第 6.2 节界定相同。

运用第 9.2 节的求解方法，可以得到发电商的开机边际发电量成本函数为

$$\rho_{wj}^{*} = B_j\cdot(1+s_j)+(1+s_j)\cdot e_j\cdot\rho_{ej}^{(test)} \tag{10-10}$$

发电商的最优申报曲线为

$$W_j \in \left[0, \min\left(P_j^N\cdot(8760-T_j), \tau\cdot W^{(D)}\cdot(1+s)\right)\right], 当\max\left(\rho_w, \rho_{wj}^{*}\right)\leqslant\rho_{wj}\leqslant\overline{\rho}_w \tag{10-11}$$

由此可以推导出电力市场的供给曲线为

$$W^{(S)}(\rho_w)\in\begin{cases}\left[0,\sum_{I=1}^{I^*}\sum_{k_I=1}^{K_I}W_{I_{k_I}}\right],\text{当}\max\left(\underline{\rho_w},\ \rho_{wI^*}^*\right)\leqslant\rho_w\leqslant\overline{\rho}_w\\ \cdots\\ \left[0,\sum_{I=1}^{2}\sum_{k_I=1}^{K_I}W_{I_{k_I}}\right],\text{当}\max\left(\underline{\rho_w},\ \rho_{w2}^*\right)\leqslant\rho_w\leqslant\overline{\rho}_w\\ \\ \left[0,\sum_{k_I=1}^{K_I}W_{I_{k_I}}\right],\text{当}\max\left(\underline{\rho_w},\ \rho_{w1}^*\right)\leqslant\rho_w\leqslant\overline{\rho}_w\\ 0,\text{其他}\end{cases}\tag{10-12}$$

在 $W-\rho_w$ 平面上，令 $W^{(D)}(1+s)=W^{(S)}(\rho_w)$，可以得到检验模型的市场均衡。

式（10—10）表明，检验模型中发电商的开机边际发电量成本由单位发电量的期望燃料成本和单位发电量的排放成本构成。结合式（10—11）可知，发电商在电力市场报价时，碳价 100% 转嫁到电价之中。对于未中标的发电商，发电量为 0，不产生碳排放，也不存在碳价转嫁的问题。由此，检验模型中电力系统碳价转嫁的比例为 100%。

新市场组合中，各发电商的碳价向电价转移的比例可以表示为

$$ts_j=\frac{W_j^{**}\cdot e_j\cdot\rho_e^*}{W_j^*\cdot e_j\cdot\rho_e^*+(W_j^{**}-W_j^*)\cdot e_j\cdot\rho_e^{\mathrm{sec\ ond}}};\ j=1,\ \cdots,\tag{10-13}$$

式中，ρ_e^{second} 为排放权二级市场的期望价格。

新市场组合中，电力市场的碳价向电价转移的综合比例可通过式（10—14）计算：

$$ts=\frac{\sum_{j=1}^{n}W_j^{**}\cdot e_j\cdot\rho_e^*}{\sum_{j=1}^{n}\left[W_j^*\cdot e_j\cdot\rho_e^*+(W_j^{**}-W_j^*)\cdot e_j\cdot\rho_e^{\mathrm{sec\ ond}}\right]}\tag{10-14}$$

10.3.2 数据获取

电力市场组合拍卖是新市场组合两阶段动态规划的第二阶段。为了实现在电力市场有效性检验的同时，检验整个新市场组合的有效性——在保证国民经济电力的前提下，有效地激励发电商减少碳排放。本节原始数据仍然采用第 8.3.2 节的数据。由于本阶段初始排放权市场均衡已经产生，发电商作电力市场拍卖的量价决策时增加了更多信息，包括排放权市场价格、各发电商竞得的排放权数量、排放权成本、排放权二级市场发电商之间进行排放权交易的价格范围，以及发电商向环境监管者申购不足数量排放权的价格。同时，发电商可以通过比较排放权申报数量和竞得数量，确定是否参与和怎样参与排放权二级市场交易。具体数据由第 8.4 节得到。

10.4 电力市场有效性检验结果与讨论

图 10–2 是初始排放权市场均衡决定的发电商的电能供给量。

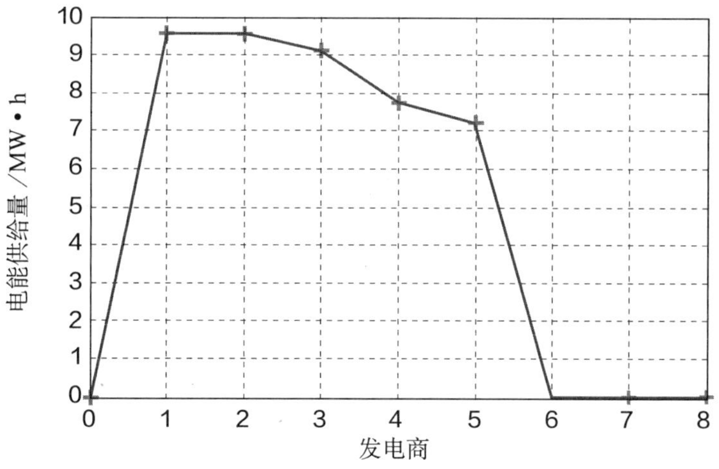

图 10-2　由初始排放权市场均衡决定的发电商的电能供给量

从图10–2分析，发电商1和发电商2已达到市场力约束上限。发电商3～发电商5由于竞得的排放权量低于申报数量，由此决定电能供给量也低于市场力约束上限。发电商7和发电商8由于排放绩效处于劣势，未参与了初始排放权市场的拍卖，由此决定的电能供给量为0。其发电商6虽然参与了初始排放权市场的拍卖，但是相对于前5个发电商，其开机边际排放收益处于劣势，竞得的排放权为0，由此决定的电能供给量为0。进一步地，发电商3～发电商5排放强度和厂自用电率分别呈单调递增状态，导致他们竞得排放权决定的电能供给量单调递减。

图10–3是发电商在电力市场的最优供给函数。

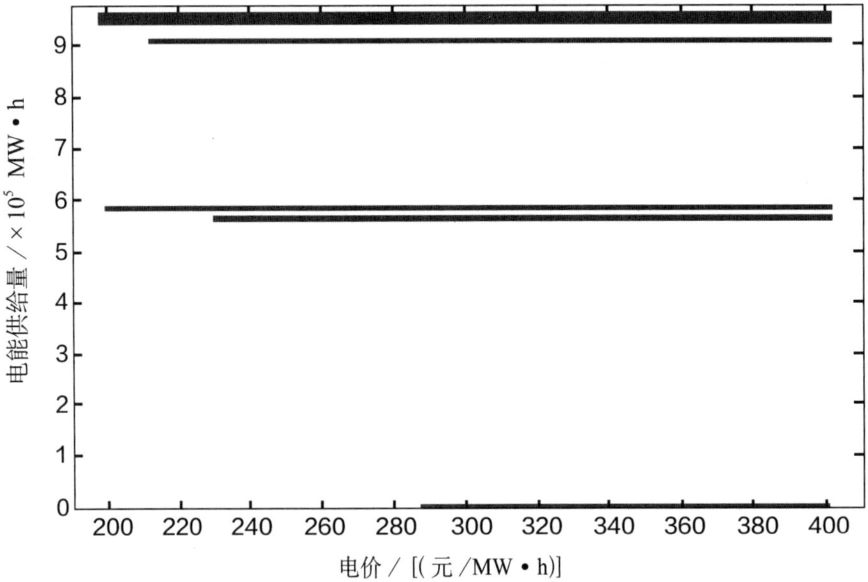

(a) 发电商在 $\max\left(\underline{\rho_w},\ \rho_{wj}^{(3)*}\right) \leqslant \rho_{wj} \leqslant \overline{\rho_w}$ 的最优供给函数

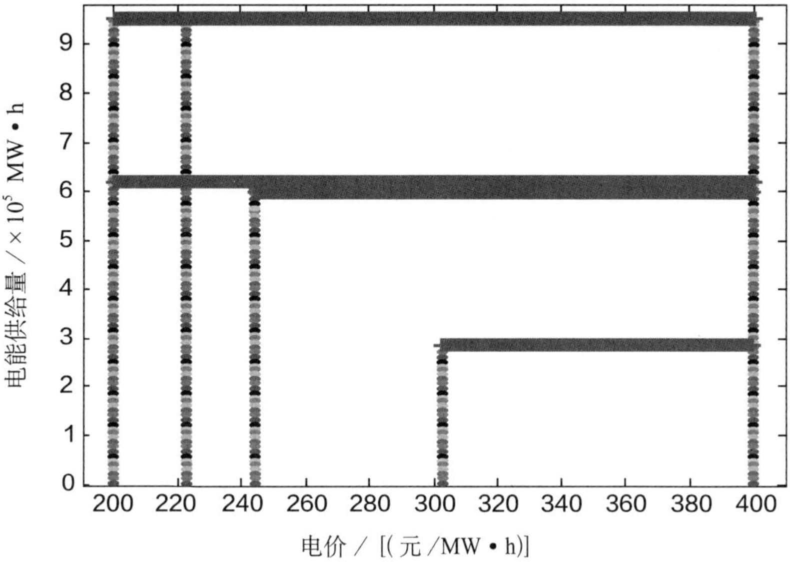

(b) 发电商在 $\max\left(\underline{\rho_w},\ \rho_{wj}^{(1)*}\right) \leqslant \rho_{wj} \leqslant \overline{\rho_w}$ 的最优供给函数

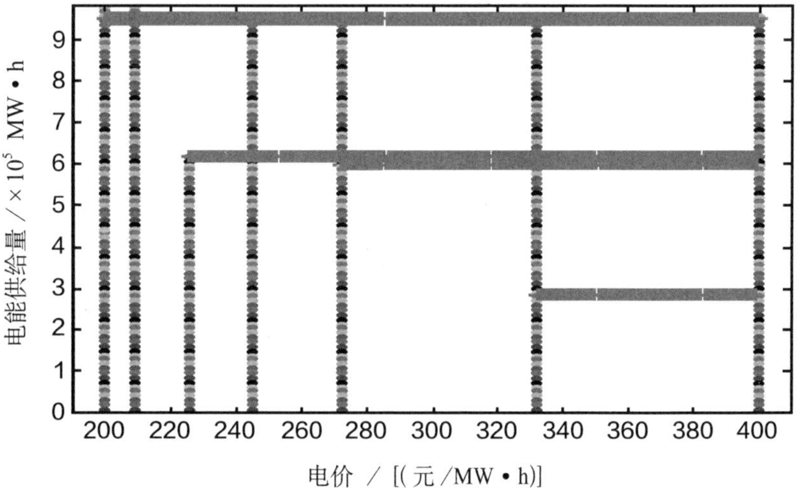

(c) 发电商在 $\max\left(\rho_w,\ \rho_{wj}^{(2)*}\right) \leqslant \rho_{wj} \leqslant \overline{\rho_w}$ 的最优供给函数

图 10-3　发电商在电力市场中的最优供给函数

结合图 10–3（a）可知，在量价空间，各发电商的最优供给函数为：

$W_1 = 954\,000$；报价：$200 \leqslant \rho_{w1} \leqslant 400$

$W_2 = 954\,000$；报价：$200 \leqslant \rho_{w2} \leqslant 400$

$W_3 = 909\,780$；报价：$211.9 \leqslant \rho_{w3} \leqslant 400$

$W_4 = 584\,910$；报价：$200 \leqslant \rho_{w4} \leqslant 400$

$W_5 = 566\,040$；报价：$230.8 \leqslant \rho_{w5} \leqslant 400$

发电商 1 和发电商 2 申报电量达到市场力约束上限，发电商 3 申报电量等于初始排放权市场竞得排放权决定的数量。发电商 4 和发电商 5 由于机组有功技术约束决定的电量低于各自在初始排放权市场竞得排放权决定的发电量，他们的申报电量由前者决定。发电商 7 和发电商 8 的价格区间 $\kappa_{71} = \kappa_{81} = \varnothing$，发电商 6 的数量区间 $\omega_{61} = \varnothing$。他们在量价空间 $(\omega_{j1}, \kappa_{j1})$ 的最优供给函数不存在。

结合图 10–3（b），在量价空间 $(\omega_{j2}, \kappa_{j2})$，各发电商的最优供给函数为：

$W_1 \in [0, 954\,000]$；报价：$200 \leqslant \rho_{w1} \leqslant 400$

$W_2 \in [0, 954\,000]$；报价：$200 \leqslant \rho_{w2} \leqslant 400$

$W_3 \in [0, 954\,000]$；报价：$222.9 \leqslant \rho_{w3} \leqslant 400$

$W_4 \in [0, 584\,910]$；报价：$200 \leqslant \rho_{w4} \leqslant 400$

$W_5 \in [0, 566\,040]$；报价：$244.7 \leqslant \rho_{w5} \leqslant 400$

$W_6 \in [0, 268\,870]$；报价：$302.7 \leqslant \rho_{w6} \leqslant 400$

分析发现，发电商 1 ~发电商 3 申报电量达到市场力约束上限，发电商 4 ~发电商 6 申报电量由各自的机组有功技术约束决定。尽管发电商 6 在初始排放权市场竞得的排放权数量为 0，但是其开机边际发电量成本决定的发电量边际利润仍然大于 0，该发电商在电力市场仍然有申报电量。发电商 7 和发电商 8 的价格区间 $\kappa_{72} = \kappa_{82} = \varnothing$，他们在该量价空间的最优供给函数仍不存在。

结合图 10–3（c），在量价空间 $(\omega_{j3}, \kappa_{j3})$，各发电商的最优供给函数为：

$W_1 \in [0, 954\,000]$；报价：$200 \leqslant \rho_{w1} \leqslant 400$
$W_2 \in [0, 954\,000]$；报价：$209.3 \leqslant \rho_{w2} \leqslant 400$
$W_3 \in [0, 954\,000]$；报价：$244.8 \leqslant \rho_{w3} \leqslant 400$
$W_4 \in [0, 584\,910]$；报价：$225.8 \leqslant \rho_{w4} \leqslant 400$
$W_5 \in [0, 566\,040]$；报价：$272.4 \leqslant \rho_{w5} \leqslant 400$
$W_6 \in [0, 268\,870]$；报价：$332.2 \leqslant \rho_{w6} \leqslant 400$

该量价空间中各发电商的申报电量与在量价空间（ω_{j2}，κ_{j2}）一致，只是申报价格区间下限分别大于或等于后者的价格区间下限。

仿真结果分析，在三个量价空间都有电量申报的发电商，其相应量价空间中开机边际发电量成本由优势到劣势序列均为：发电商 1、发电商 2、发电商 3、发电商 4、发电商 5。结合各自的最优供给函数，这 5 个发电商在（ω_{j3}，κ_{j3}）中申报价格下限与该序列一致，且呈严格单调递增状态；在另外两个量价空间中申报价格下限也与该序列一致，但不是严格单调递增。这与命题 9.1 的结论一致。

上述有发电量申报的 6 个发电商申报下限均为 0。发电商 1 ～发电商 3 申报上限为市场力约束确定的申报量，另外三个为有功技术约束确定的申报量。这与命题 9.2 的结论相一致。

图 10–4 给出了电力市场的累积供给函数和市场均衡。

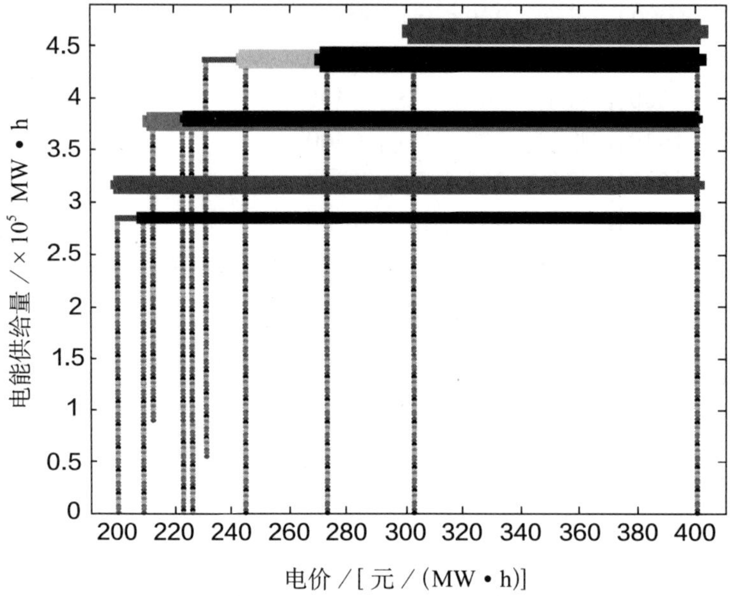

图 10-4　电力市场累积供给函数与市场均衡

均衡向量空间（EVS）为

$$\Omega_{t^{**}}=\{(\rho_w,\ W)|222.928\leqslant\rho_w\leqslant 225.7696;\ 2492900\leqslant W\leqslant 3446900\}$$

结合 EVS 价格精炼规则，市场出清价格和均衡数量分别等于 222.928 元 /MW • h 和 3 180 000 MW • h。

根据 EVS 均衡分配规则，发电商 1 ～发电商 4 竞得的上网电量依次为：954 000 MW • h、954 000 MW • h、687 090 MW • h 和 584 910 MW • h。其他发电商竞得的上网电量为 0。分析发现，在市场均衡状态下发电商 1 和发电商 2 处于市场力约束状态，发电商 4 处于机组有功技术约束状态；有发电量的发电商中，只有发电商 3 既不处于市场力约束状态，又不处于机组有功技术约束状态。符合经济调度的要求，与第 10.1 节得出的结论一致。

检验模型中，参与电力市场拍卖的仍然为发电商 1 ～发电商 6。其中，发电商 1 ～发电商 3 申报量达到市场力约束状态，发电商 4 ～发电商 6 达到机组有功技术约束状态。各自申报价格的下限分别是 200 元 /（MW • h）、208.1 元 /(MW•h)、243.4 元 /(MW•h)、224.1 元 /(MW•h)、270.6 元 /(MW•h) 和 330.2 元 /（MW • h）。发电商 7 和 8 由于开机边际发电量成本过高，最优申报曲线为 0。检验模型的市场均衡数量与新市场组合相同，市场出清价格等于 243.4 元 /（MW • h）。检验模型的均衡价格比新市场组合的均衡价格高出 9.18%。

仿真结果表明，在新市场组合中，发电商 1 和发电商 2 碳价全部转移到电价之中，发电商 3 和发电商 4 转移比例分别是 87.27% 和 87.39%；发电商 5 没能竞得上网电量，其转移比例为 0；发电商 6 ～发电商 8 在初始排放权市场没能竞得排放权，同时在电力市场中也未能竞得上网电量，故不存在碳价向电价转移的问题。检验模型中，只有发电商 1 ～发电商 4 获得上网电量，他们的碳价转移比例均为 100%。

在排放权二级市场中，发电商 1 和发电商 2 以 63.25 元 /t 期望价格向其他发电商或者直接向环境监管者申购不足排放权数量；发电商 3 ～发电商 5 将以 27.5 元 /t 期望价格出售剩余排放权数量。由此可见，发电商在排放权二级市场中出售排放权面临较低的期望价格，购买排放权面临较高的期望价格。这与第 6.3 节和第 7.2 节分析一致。

在新市场组合中，整个电力市场的碳价向电价转移综合比例为 81.38%，然而检验模型中该比例为 100%。结合排放权二级市场的期望交易价格可知，新市场组合抑制了发电商利用排放权来获取暴利的投机行为。

最后，要保证国民经济所需的上网电量，新市场组合需要的排放权数量为 1 665 400 t，平均分配排放权所需数量为 2 047 000 t，平均分配上网电量所需数量为 2 350 800 t。相比之下，新市场组合分别减少 22.91% 和 41.16% 的排放权数量。

检验结果说明，新市场组合下批发电力市场中发电商的申报价格序列关系和申报发电量特征确实存在。并且给定上网电量下，新市场组合要求的排放权供给量低于现行总量控制下碳交易机制所需要的排放权供给量，同时碳价向电价转移比例被控制在合理的范围。作为一个完整的系统，新市场组合构成碳排放权交易市场和电力市场条件下的经济调度模型，满足电力系统激励性机制设计的要求。可以在保证国民经济所需电力的前提下，充分发挥经济调度的资源优化配置功能和碳减排功能，促进发电商降低排放强度，降低厂自用电率，降低单位发电量期望燃料成本，内化减排成本，有效地激励发电商减少碳排放。

第 11 章 结论与展望

本书研究我国煤电行业在市场化改革和温室气体减排双重背景下的碳减排市场组合设计问题。首先，对国内外燃煤发电企业碳减排市场设计主要理论——激励性机制设计理论、组合拍卖理论、供给函数均衡理论进行梳理，这是新市场组合设计理论的依据。其次，对电能与环境协调发展进行实证研究，在回顾电力监管发展历程后界定了煤电行业碳减排市场组合概念。再次，在调查国外燃煤发电企业碳减排的新进展后，得出其成功的经验和不足及其对我国政策的启示。最后，分析我国燃煤发电企业碳减排实践，归纳出协调技术、监管、市场的主要问题。这是新市场组合设计的现实依据。

结合实证研究结果，国内外燃煤发电企业碳减排实践存在的问题、成功经验和相关理论工具，本书针对激励发电商在保证国民经济电力需求的前提下有效减少碳排放，设计煤电行业碳减排市场组合。新市场组合通过电力监管者和环境监管者协调努力，发挥市场在资源优化配置中的决定性作用，配置排放权资源和发电量；使电力市场引导排放权市场，排放权市场服务于电力市场，共同以最大限度地激励发电商减少温室气体排放的方式，服务于保证国民经济发展的电力需求。新市场组合通过弥补经济调度机制在个人理性和激励相容性方面的缺失，满足了电力系统激励机制的设计要求。

针对排放权配置和电能生产配置，建立发电商在初始排放权市场和批发电力市场决策的随机参数线性规划数学模型。模型求解得到初始排放权市场需求函数均衡和批发电力市场供给函数均衡，运用相应精炼规则得到两个市场精炼纳什均衡。模型解的特征表明，新市场组合设计可以实现在保证国民经济电力需求的前提下，碳排放权资源和电能生产的优化配置。由数学模型得到发电商最优申报曲线，拓展了组合拍卖投标语言表达和激励问题研究。两个决策模型的建立减少了供给函数均衡理论对称发电商假设，而市场均衡求解和精炼过程则简化了求解供给函数均衡的复杂性，增强了该理论的实用性。

为检验新市场组合的有效性，针对初始排放权市场，本书以 2012 年前国外普遍采用总量控制下免费分配初始排放权的市场设计建立检验模型；针对批发电力市场，建立统一价格拍卖下，引入排放权成本检验模型。运用数值仿真验证两个市场发电商申报数量和价格序列关系、市场均衡主要特征的存在性；与检验模型对比，得到初始排放权市场可以实现对碳排放权生产要素的优化配置，批发电力市场可以把碳价向电价转嫁控制在合理范围；给定上网电量，新市场组合可以有效降低燃煤发电企业碳排放水平。

11.1 主要结论

总结前面研究工作，主要结论如下：

（1）实证研究发现，我国西部地区电能生产投入和减少环境污染投入的实际情况与最优状态还有一定偏差；伴随着经济发展和技术进步，两者的关联度呈下降趋势。国内外电力监管发展历程表明，在电能生产中，环境问题日益受到重视，电力协调监管成为行业健康发展趋势。以此为基础，明确界定了煤电行业碳减排市场组合的内涵。

（2）回顾 EU ETS、英国 ETS、挪威 ETS、新南威尔士 ETS、澳大利亚 ETS、美国 RGGI、碳税、绿色电力市场、经济调度等国外燃煤发电企业碳减排进展情况，得到成功经验与不足，提出对我国的政策建议。

研究发现，国外燃煤发电企业碳减排成功经验主要有：多种减排工具并存提高碳排放权价格弹性，降低减排经营风险；建立可监测、可报告、可核证的碳交易配套制度，保证市场健康运行；碳排放权交易市场具有促进电力市场优胜劣汰功能。同时，国外燃煤发电企业碳减排还存在以下问题：碳价波动过大，不利于激励发电商对减排技术的投资；免费分配初始排放权带来碳价偏低、碳价大量转嫁到电价之中、发电商利用碳排放权获取暴利；碳排放权不可储存和碳配额大量剩余引致发电商减排激励不足；各种减排工具，以及碳减排市场与电力市场不够协调。

借鉴国外碳减排实践，我国在促进煤电行业碳减排方面可考虑建立一套组合减排机制，逐步建立政府规制下分级分类强度型碳市场，最终向统一市场过渡；设计多种减排工具，使之协调运行；电力市场与碳排放权交易市场相协调；逐步建立碳管理与审计配套制度；改造现有燃煤电厂以减少碳排放。本书设计的碳减排市场组合能够较好地体现上述要求，有利于经济、电能与环境协调发展。

（3）对我国燃煤发电企业碳减排实践进行梳理。尽管 2012 年以前燃煤发电企业没有明确量化碳减排任务，但电力市场化改革采取优化电源结构、提高发电技术、采用洁净煤技术、降低供电标准煤耗、实施节能发电调度、CDM 项目交易，以及控制 CO_2 产生和回收处理 CO_2 等政策措施已带来碳减排效果。同时，我国燃煤发电企业碳减排存在协调地运用各种政策监管手段激励发电商减排有待改进；协调地运用市场手段激励发电商减排做得不够；高效节能、低碳燃煤发电技术研发、推广应用、CCS 技术引进吸收，需要激励机制推动等问题。

在此基础上，提炼出本书解决的关键问题——针对我国煤电行业在市场化改革和应对气候变化双重背景下的碳减排问题，通过制度协同创新，如何协调碳排放权交易市场和批发电力市场，实现在保证国民经济所需电力的前提下，有效地激励发电商减少碳排放。

（4）综合运用激励机制设计理论、组合拍卖理论、供给函数均衡理论，设计煤电行业碳减排市场组合。新市场组合把关键问题转化为“电力监管者、环境监管者、发电商在初始排放权市场进行排放权数量和价格决策（结合排放权二级市场）、环境监管者确定中标决定、发电商在批发电力市场进行上网电量数量和价格决策（结合排放权二级市场）、电力监管者确定中标决定和环境监管者组织排放权二级市场清算”的动态过程。该过程满足电力系统激励机制设计要求，构成碳排放权交易市场和电力市场条件下的经济调度模型，弥补了经济调度机制个人理性和激励相容性方面的缺失。可以在保证国民经济电力需求的前提下激励发电商降低排放强度、厂自用电率、单位发电量期望燃料成本，内化减排成本，改善经营优势，有效减少碳排放，推动经济、电能与环境协调发展。

（5）针对初始排放权和电能生产配置，建立发电商在初始排放权市场和批发电力市场组合拍卖的随机参数线性规划决策模型。模型求解得到发电商排放权最优需求函数和电能最优供给函数，并运用临界价格区间和均衡向量空间精炼规则获得精炼纳什均衡，完成碳排放权和电能生产优化配置，可以有效激励发电商减少碳排放。

新市场组合从成本函数、排放强度、可用容量、厂自用电率供给函数均衡理论对称发电商假设；运用 ECPR 和 EVS 精炼规则对初始排放权市场需求函数均衡和电力市场供给函数均衡进行精炼，简化供给函数均衡求解过程复杂性。这两方面的工作增强了供给函数均衡理论的实用性，有利于把该理论拓展到燃煤发电企业碳减排的应用。

新市场组合在初始排放权市场和批发电力市场采用数量和价格都不确定的一级密封组合拍卖。把碳排放权交易市场分为初始排放权市场和排放权二级市场，规定相应市场规则；通过电力协调监管使电力市场引导排放权市场，排放权市场服务于电力市场。这样可以激励发电商在量价申报中显示真实信息，丰富组合拍卖理论对激励问题的研究。同时，模型求解得到发电商在初始排放权市场申报曲线是由价格区间和数量构成的原子投标，批发电力市场申报曲线是由最多三段样条函数构成的 OR 投标。这样的投标语言表达拓展了组合拍卖原子投标和 OR 投标的内涵。

新市场组合下，发电商申报排放权价格区间上限按 SMER 由优势到劣势构成有穷单调递减序列。发电商排放权申报量相对于上网电量排放强度（由排放强度与厂自用电率两个内生变量构成的二元函数）呈有穷单调递增序列。初始排放权市场均衡状态下：（a）高于临界价格区间上限仍有申报量发电商竞得排放权为市场力约束下最高排放权数量，低于临界价格区间下限有申报量发电商竞得排放权数量为零，在临界价格区间下限有申报量但在临界价格区间上限无申报量发电商平均分配排放权剩余均衡供给量。（b）当各发电商报价区间上限相同时，各发电商竞得排放权数量或者是市场力约束下最高排放权量，或者平均分配排放权供给数量。（c）当各发电商报价区间上限不同时，一个发电商竞得排放权数量低于市场力约束下最高排放权数量。这些结论体现出，碳排放权在新市场组合下以较低价格优先配置给具有单位发电量期望燃料成本、厂自用电率和排放强度综合经营优势的发电商。

新市场组合下，均以三段价格区间报价的发电商，均以两段价格区间报价且申报电量无单点集的发电商，均以一段价格区间报价，申报电量不为单点集且上限为竞得排放权量确定电量的发电商，相应报价区间下限按 SMPC 由优势到劣势构成有穷单调递增序列。有单点集电量申报的发电商，报价区间下限按 SMPC 由优势到劣势构成有穷单调递增序列。各发电商申报电量下限为初始排放权市场竞得排放权数量确定电量或零，上限为机组有功技术约束上限确定电量，或市场力确定电量，或竞得排放权数量确定电量。批发电力市场均衡状态下：（a）在均衡向量空间有发电量申报的发电商，竞得发电量为机组有功技术出力上限确定发电量（或市场力约束下发电量或竞得排放权数量确定发电量），或平均分配剩余负荷；（b）在（a）中发电商存在未满足机组有功技术出力上限确定发电量（且未达到市场力约束下发电量和竞得排放权数量确定发电量）下，则不属于均衡向量空间的发电商竞得发电量为零。这些结论体现出，批发电力市场能够在保证国民经济所需电力的前提下，把发电量优先配置给具有综合经营优势的发电商，激励发电商降低单位发电量期望燃料成本，降低厂自用电率，降低碳排放强度，进一步优化碳排放权配置和电能生产配置。

（6）为检验新市场组合的有效性，针对初始排放权配置，以 2012 年前国外普遍采用总量控制下免费分配初始排放权的市场设计建立检验模型。运用数值仿真验证了初始排放权市场发电商申报数量和价格序列关系、市场均衡主要特征的存在性；同时与检验模型对比，初始排放权市场可在给定上网电量下，需要减少排放权供给量。说明新市场组合下初始排放权市场可实现对碳排放权生产要素的优化配置。

与此类似，针对排放权作为有偿生产要素下的电能生产配置，建立统一价格拍卖，引入排放权成本的检验模型。仿真分析验证了新市场组合的批发电力市场中发电商申报数量和价格主要特征、市场均衡主要特征的存在性。通过对比，新市场组合可以把碳价向电价转嫁控制在合理范围，抑制发电商通过转嫁碳减排成本来获取暴利，并且在给定上网电量的情况下，新市场组合可以有效地降低燃煤发电企业碳排放水平。

11.2 研究展望

在我国燃煤发电企业处于市场化改革和应对气候变化双重背景下，本书研究如何协调碳排放权交易市场和批发电力市场，有效激励发电商在保证国民经济所需电力的前提下减少碳排放问题。尽管已取得阶段性成果，但以下几个角度还值得深入研究：

（1）电监会 2007 年电力监管机构能力建设研究报告认为，我国电力市场化改革最终目标是零售竞争电力市场。研究该市场结构下如何协调碳排放权和电力市场，有效激励发电商减少碳排放问题，可以作为后续工作的一个研究方向。

（2）燃煤发电企业的协调发展离不开各类辅助服务和电力系统技术约束。考虑备用市场、调频服务、电网拓扑结构和电气元件物理性能等条件，研究碳排放权交易市场和电力市场协调的问题，可以作为后续工作的又一个研究方向。

参考文献

[1] 安丽，赵国杰 . 2008. 电力产业二氧化碳排放指标分配模式仿真 . 西安电子科技大学学报（社会科学版），18（1)：45 ~ 50.

[2] 蔡静鹏 .2004. 电力市场框架的初步探讨 . 现代电力，21（3)：29 ~ 32.

[3] 迟远英，王彦亮，牛东晓，等 . 2010. 碳排放交易下的发电权置换优化模型 . 电网技术 . 6（34)：78 ~ 81.

[4] 代百乾，张忠孝，王婧，等 . 2008. 我国火力发电节煤和 CO_2/SO_2 减排潜力的探讨 . 节能技术，26(2)：163 ~ 167.

[5] 狄向华，聂祚仁，左铁镛 .2005. 中国火力发电燃料消耗的生命周期排放清单 . 中国环境科学，25(5)：632 ~ 635.

[6] 杜立民，尤超英 . 2006. 电力批发市场竞争述评 . 浙江社会科学，11：187 ~ 192.

[7] 傅世均 . 2014. 组合减排机制：欧盟电力工业碳减排的启示 . 科技管理研究，5：20 ~ 24.

[8] 高鹏飞，陈文颖，何建坤 . 2004. 中国的二氧化碳边际减排成本 . 清华大学学报（自然科学版），44(9)：1192 ~ 1195.

[9] 葛炬，张粒子 . 2005. 基于备用责任双边交易备用市场设计 . 华北电力技术，5：39 ~ 41.

[10] 郭廷杰 . 2001. 对“十五”期间中国能源结构优化探讨 . 中国能源，1：20 ~ 22.

[11] 郭智，温立坚，林春 . 2012. 调度监管有效方式的探索 . 研究与参考 . 38.

[12] 国家电力调度通信中心．2008. 电网调度运行实用技术问答．北京：中国电力出版社．
[13] 国家电力监管委员会，中华人民共和国财政部，世界银行．2007. 中国电力监管机构能力建设研究报告．北京：中国水利出版社．
[14] 国家电力监管委员会．2005. 中国电力市场名词解释．北京：中国电力出版社．
[15] 国家电力监管委员会．2010. 电力市场标准化设计和评价体系．北京：中国电力出版社．
[16] 国家发展和改革委员会能源研究所．2003. 中国可持续发展能源暨碳排放情景分析．
[17] 国家发展计划委员会基础产业发展司．2000. 中国新能源与可再生能源 1999 白皮书．北京：中国计划出版社．
[18] 高鸿业．2004. 西方经济学．北京：中国人民大学出版社．
[19] 弗登博格，梯若尔．2004. 博弈论．黄涛，郭凯，龚鹏，等译．北京：中国人民大学出版社．
[20] 胡福年，吴军基，邹云．2006. 上网竞价策略的供给函数均衡分析．继电器，8：68 ~ 73.
[21] 何玉春，王歧东．2006. 运用 CMEM 模型计算北京市机动车排放因子．环境科学研究，19(1)：109 ~ 112.
[22] 洪大剑，张德华．2006. 二氧化碳减排途径．电力环境保护，226 期：5 ~ 8.
[23] 蒋金荷．2011. 中国碳排放量测算及影响因素分析．资源科学，33(4)：597 ~ 604.
[24] 蒋忠中，盛莹，樊治平，等．2008. 属性权重信息不完全的双边匹配多目标决策模型的研究．运筹与管理，17(4)：138 ~ 142.
[25] 李东雄，杨博智，侯清濯．2000. 燃煤电站 CO_2 排放状况及减排对策．电力环境保护，16(2)：13 ~ 15.
[26] 李虹．2004. 电力市场设计：理论与中国的改革．经济研究，11：119 ~ 128.

[27] 李剑锋 . 2005. 高效洁净选煤技术的应用 . 能源工程，3：32 ~ 40.

[28] 李铭洋，樊治平，刘洋 . 2012. 一种基于偏好序信息的双边匹配方法 . 运筹与管理，21(4)：112 ~ 118.

[29] 李青，公维平 . 2006. 火力发电厂节能和指标管理技术 . 北京：中国电力出版社 .

[30] 林锐 . 2010. 低碳经济对我国电力企业的影响及应对 . 电力与电工，1(30)：26 ~ 29.

[31] 刘焕章，常太华，刘吉臻，等 . 2007. 电站锅炉温室气体排放量的计算 . 热能动力工程，22(6)：665 ~ 668.

[32] 刘婧 . 2010. 基于强度减排的我国碳交易市场机制研究 . 上海：复旦大学 .

[33] 刘宝碇，赵瑞清 . 1998. 随机规划与模糊规划 . 北京：清华大学出版社 .

[34] 刘燕华，葛全胜，何凡能，等 . 2008. 应对国际 CO_2 减排压力的途径及我国减排潜力分析 . 地理学报，63(7)：675 ~ 682.

[35] 刘明明，高岩 . 2008. 电力备用市场资源优化配置的模型与求解方法 . 系统工程学报，23(1)：120 ~ 124.

[36] 李继峰，张阿岭 . 2007. 混合式能源、经济、环境系统模型构建方法论 . 系统工程学报，22(2)：170 ~ 175.

[37] 路石俊，杨淑霞，林艳婷 . 2010. 低碳经济下电力行业发展研究 . 国家行政学院学报，2：82 ~ 86.

[38] 雷铭 . 2005. 电力网节能手册 . 北京：中国电力出版社 .

[39] 陆建刚，郑友飞，连平，等 . 2008. 复合吸收剂 – 膜吸收分离 CO_2. 石油化工，37(5) ：475 ~ 479.

[40] 马忠海，潘自强，贺惠民 . 1999. 中国煤电链温室气体排放系数及其与核电链的比较 . 核科学与工程，19(3)：268 ~ 275.

[41] 马庆国 . 2002. 管理统计：数据获取、统计原理、SPSS 工具与应用研究 . 北京：科学出版社 .

[42] 毛玉如，骆仲泱，玉树荣，等 . 2003. 火电厂 CO_2 排放降低和控制技术研究 . 热力发电，1：39 ~ 43.

[43] 任玉珑，甘文媛 . 2008. 基于 Stackelberg 模型的电力工业协调监管研究 . 生产力研究，8(6)：110 ~ 112.

[44] 任玉珑，傅世均，刘黄欢 . 2009. 西部地区火电—SO_2 减排中的生产优化及关联度实证分析 . 科技管理研究，9：165 ~ 168.

[45] 任玉珑，甘文媛，唐松林 . 2007. 现代电力监管新视角 – 协调监管 . 科技管理研究，7：54 ~ 56.

[46] 省级温室气体清单编制指南（发改办气候〔2011〕1041 号文件）.2011.

[47] 尚金成 . 2010. 中国电力市场体系模式设计：互联电网电力市场设计 . 电力系统自动化，34(8)：49 ~ 55.

[48] 尚金成，黄永皓，夏清 . 2002. 电力市场理论研究与应用 . 北京：中国电力出版社 .

[49] 尚金成，庞博 . 2010. 中国电力市场体系模式—最优市场结构及市场均衡性分析 . 电力系统自动化，34(9)：34 ~ 39.

[50] 谭忠富，郭联哲，李晓军，等 . 2007. 国外输电定价理论方法及对我国的启示 . 中国电力，40(6)：51 ~ 55.

[51] 谭忠富，刘柯，宋艺航，等 . 2012. 节能发电调度政策对能源与环境影响分析模型 . 华东电力，40(9)：1464 ~ 1468.

[52] 唐松林，任玉珑 . 2008. 协调监管：电力监管体制与理论创新 . 管理世界，7(178)：174 ~ 175.

[53] 涂毅 . 2008. 国际温室气体排放权市场的发展及其启示 . 江西财经大学学报，2：15 ~ 19.

[54] 汪峰，白晓民 . 2001. 电力市场设计的基本问题研究 . 中国电力，34(10)：70 ~ 73.

[55] 王斌，江健健，康重庆，等 . 2004. 美国标准电力市场的主要设计思想及其对我国电力市场设计的启迪 . 电网技术，28(16)：21 ~ 26.

[56] 刘纪显，谢赛赛 . 2014. 欧盟 EUA 与 CER 两个市场之间的溢出效应研究 . 华南师范大学学报（社会科学版），1：110 ~ 119.

[57] 王宏 . 2009. 组合拍卖的理论与实践：一个文献综述 . 产业经济评论，1(8)：

111 ～ 146.
[58] 王婧，张旭，黄志甲 . 2007. 基于 LCA 的建材生产能耗及污染物排放清单分析 . 环境科学研究，20(6)：149 ～ 153.
[59] 王群伟，周德群 . 2008. 能源回弹效应测算改进模型及实证研究 . 管理学报，(5)：688 ～ 691.
[60] 王志轩 . 2008. 电力产业节能减排现状及对策 . 华电技术，30(5)：1 ～ 6.
[61] 王毅刚 . 2010. 中国碳排放交易体系设计研究 . 北京：中国社会科学院 .
[62] 王晓刚，李立清，唐琳，等 . 2006. 温室气体 CO_2 的减排技术研究 . 能源环境保护，20(2)：1 ～ 6.
[63] 魏一鸣，范英，王毅，等 . 2006. 关于我国碳排放问题的若干对策与建议 . 气候变化研究进展，21(1)：36.
[64] 吴晓青 . 2008. 关于中国发展低碳经济的若干建议 . 环境保护，36(3)：22 ～ 23.
[65] 吴晓蔚，朱法华，杨金田，等 . 2010. 火力发电行业温室气体排放因子测算 . 环境科学研究，23(2)：170 ～ 176.
[66] 肖红蓉 . 2010. 中国温室气体排放权交易制度构建与完善 . 武汉：武汉大学 .
[67] 肖国泉，王春，张福伟 . 2001. 电力负荷预测 . 北京：中国电力出版社 .
[68] 徐国泉，刘则渊，姜照华 .2006. 中国碳排放的因素分解模型及实证分析：1995—2004. 中国人口 · 资源与环境，16(6)：158 ～ 162.
[69] 许明珠 . 2008. 碳市场历史分析与前景展望 . 世界环境，5：47 ～ 48.
[70] 许永国 . 2002. 拍卖经济理论综述 . 经济研究，9：13 ～ 21.
[71] 徐永禧 . 2004. 中国和印度电力产业 2020 年温室气体排放量及其降低潜力 . 国际电力，8(5)：8 ～ 11.
[72] 杨杰，陶恩中，陈子田 . 1999. 电力产业控制 CO_2 排放技术研究现状 . 电力情报，3：10 ～ 13.
[73] 阎维平 . 1997. 温室气体的排放以及烟气再循环煤粉燃烧技术的研究 . 中国电力，30(6)：59 ～ 62.
[74] 于天飞 . 2007. 碳排放权交易产权分析 . 东北农业大学学报（社会科学版），

5(2)：101 ～ 103.

[75] 于天飞 . 2007. 碳排放权交易的制度构想 . 林业经济，1：49 ～ 51.

[76] 翟星，毛惠敏 . 2008. 华东电力市场增强节能减排效果的功能拓展分析与建议 . 电力设备，9(4)：29 ～ 31.

[77] 张阿玲，方栋 . 1996. 温室气体 CO_2 的控制和回收利用 . 北京：中国环境科学出版社 .

[78] 周德群，杨列勋 . 2008. 能源软科学：一门亟待发展交叉性科学 . 管理学报，5：627 ～ 632.

[79] 张振华，贾淑娟，曲衍国，等 . 2008. 基于稳定匹配的电子中介匹配研究 . 控制与决策，23(4)：388 ～ 391.

[80] 张近朱 . 2002. 发电企业减排 CO_2 的技术经济对策 . 东北电力技术，6：23 ～ 26.

[81] 张晓东，高波 . 2005. 基于供给函数均衡模型的区域电力现货市场模拟分析 . 电网技术，7：80 ～ 84.

[82] 张颖，王灿，王克，等 . 2007. 基于 LEAP 的中国燃煤发电企业 CO_2 排放情景分析 . 清华大学学报（自然科学版），47(3)：365 ～ 368.

[83] 张旭，孙根年 . 2008. 中国电力产业环境学习曲线与节能减排潜力分析 . 哈尔滨工业大学学报（社会科学版），10(4)：89 ～ 95.

[84] 赵旭峰，李瑞娥 . 2008. 排污权交易的层级市场理论与价格研究 . 经济问题，9：20 ～ 23.

[85] 曾鸣，何深，杨玲玲，等 . 2010. 碳排放权交易市场排放权的拍卖方案设计 . 水电能源科学，9(28)：161 ～ 163.

[86] 曾鸣，马向春，杨玲玲 . 2010. 电力市场碳排放权可调分配机制设计与分析 . 电网技术，5(34)：141 ～ 144.

[87] 曾鸣，张徐东，田廓，等 . 2011. 低碳电力市场设计与政策 . 电力系统自动化，35(24)：7 ～ 11.

[88] 曾鸣，马明娟，邹建平，等 . 2012. 我国备用辅助服务市场设计及交易决策研究 . 华东电力，40(8)：1282 ～ 1287.

[89] 张彩霞，梁婉君．2007. 区域 PERD 综合协调度评价指标体系研究．经济经纬，3：59 ~ 62.

[90] 邹小燕，张新华．2009. 基于社会福利最大化的电力市场双边竞价机制设计．系统工程理论与实践，29(1)：44 ~ 55.

[91] 朱治中，于尔铿，刘亚芳，等．2005. 电力市场设计原理．电力系统自动化，29（14)：1 ~ 5.

[92] 朱勤，彭希哲，陆志明，等．2009. 中国能源消费碳排放变化的因素分解及实证分析．资源科学，31(12)：2072 ~ 2079.

[93] Chappin EJL, Dijkema GPJ. 2008. On the impact of CO_2 emission-trading on power generation emissions.Technological Forecasting & Social Change, 358 ~ 370.

[94] Edwin van der Werf.2008. Production functions for climate policy modeling: An empirical analysis. Energy Economics, 30: 2964 ~ 2979.

[95] Shijun Fu.2017. Combinatorial mitigation actions: a case study on European Union' s electricity sector. International Journal of Economy, Energy and Environment, 5(2): 77 ~ 86.

[96] Hengyun Ma, Les oxley, John Gibson, Bonggeun Kim.2008. China' s energy economy: Technical change, factor demand and interfctor/interfuel substitution. Energy Economics, 30: 2167 ~ 2183.

[97] Richard G, Geoffrey J.2008. The value of technological advance in decarbonizing the U.S. economy. Energy Economics, 11: 2930 ~ 2946.

[98] Marius Radulescu, Sorin Radulescu, Costanta Zoie Radulescu.2009. Sustainable production technologies which take into account environmental constraints. European Journal of Operational Research, 193: 730 ~ 740.

[99] Mehmet Aydinel, Taraneh Sowlati.2008. Optimization of production allocation and transportation of customer orders for a leading forest products company. Mathematical and Computer Modeling, 48:

1158 ~ 1169.

[100] Chappin E J L, Dijkema GPJ.2008. On the impact of CO_2 emission-trading on power generation emissions. Technological Forecasting & Social Change.

[101] Luis M, Abadie J, Chamorro M.2008. European CO_2 prices and carbon capture investments. Energy Economics, 30: 2992 ~ 3015.

[102] Vlasis Oikonomou, Catrinus Jepma, Franco Becchis, Daniele Russolillo.2008. White certificates for energy efficiency improvement with energy taxes: a theoretical economic model. Energy Economics, 30: 3044 ~ 3062.

[103] Parag C P, James A R, Girish H S. 2008. An empirical study of the Cobb-Douglas production function properties of software development effort. Information and Software Technology, 50: 1181 ~ 1188.

[104] John Komlos, Peter Salamon.2008. The poverty of growth with interdependent utility functions. The Journal of Socio-Economics, 3: 740 ~ 745.

[105] Pablo Arocena, Catherine Waddams Price.2002. Generating efficiency: economic and environmental regulation of public and private electricity generators in Spain. International Journal of Industrial Organization, 20(1): 41 ~ 69.

[106] Stigler G J.1971. The theory of economic regulation. The Bell Journal of Economics and Management Science, 2(1): 3 ~ 21.

[107] Peltzman S.1976. Toward a more general theory of regulation. Journal of Law Economics, 19(2): 211 ~ 240.

[108] Nelson R A.1982. An empirical test of the Ramsey theory and Stigler-Peltzman theory of public utility regulation. Economics Inquiry, 14(20): 277 ~ 290.

[109] Nelson J P, Roberts M J.1989. Ramsey numbers and the role of

competing interest groups in electric utility regulation. Quarterly Review of Economics and Business, 29(5): 21 ~ 42.

[110] Snowberger V.1992. Regulators implicit welfare weights under rate of return regulation. Quarterly Review of Economics and Business, 32(3): 132 ~ 137.

[111] Klein C C, Sweeney G H.1999. Regulator preferences and utility prices: evidence from natural gas distribution utilities. Energy Economics, 21(4): 1 ~ 15.

[112] Samuelson P A, Nordhaus W D.1998. Economics. (16th edition). New York: The McGraw-Hill Companies Inc.: 253 ~ 286.

[113] Pindyck R S, Rubinfeld D L.2005. Microeconomics. (6th edition). New York: Pearson Education Inc.: 249 ~ 297.

[114] IPCC.2005. Good practice guidance and uncertainty management in national GHG invenbries. Cambridge: Cambridge University Press.

[115] IPCC. 2006. IPCC guidelines for national GHG invenbries. Cambridge: Cambridge University Press.

[116] Adam Newcomer, Seth Blumsack, Apt, Lester B L, Morgan M G. 2008. Electricity load and carbon dioxide emissions: effects of a carbon price in the short term. Proceedings of the 41st Hawaii International Conference on System Sciences.

[117] Kahn P C, Porter R H, Tabors R D. 2001. Uniform pricing or pay-as-bid pricing : a dilemma for California and beyond. The Electricity Journal, 14(6): 70 ~ 79.

[118] Alberola E, Chevallier J, Cheze B. 2009. The EU Emissions Trading Scheme: Disentangling the effects of industrial production and CO^2 emissions on carbon prices. International Economics, 2: 116 ~ 131.

[119] Alejandro M M, Sefton M, Wilner B S. 2006. Mult-unit auctions: A comparison of static and dynamic mechanisms. Journal of Economic

Behavior and Organization, 2(61): 304 ~ 323.

[120] Aleksandr Rudkevich. 2005. On the supply function equilibrium and its applications in electricity markets. Decision Support Systems, 4(40): 409 ~ 425.

[121] MasColell A, Whinston M, Green J. 1995. Microeconomic theory. Oxford University Press.

[122] Andreas Blume, Paul Heidhures. 2006. Private monitoring in auctions. Journal of Economic Theory, 1(131): 179 ~ 211.

[123] Bueler B. 1997. Solving an equilibrium model for trade of CO_2 emission permits. Eur. J. Oper. Res, 102(2): 393 ~ 403.

[124] Bert Willerms, Ina Rumiantseva, Hannes Weigt. 2009. Cournot versus supply functions: What does the data tell us? Energy Economics, 1(31): 38 ~ 47.

[125] Bertrand J. 1883. Theorie mathematique de la richesse sociable. Journal des Savants, 499 ~ 508.

[126] Betz R, Sato M. 2006. Emissions trading: lessons learnt from the 1st phase of the EU ETS and prospects for the 2_{nd} phase. Clim. Policy, 6: 351 ~ 359.

[127] Bird L, Holt E, Carroll G. 2007. Implications of carbon regulation for green power markets. National Renewable Energy Laboratory. Golden CO.

[128] Borchiellini R, Massardo A, Santarelli M. 2000. Analytical procedure for carbon tax evaluation. Energy Conversion and Management, 41: 1509 ~ 1531.

[129] Carlos Silva, Wollenberg B F, Zheng C Z. 2001. Application of mechanism design to electric power markets. IEEE Transactions On Power Systems, 4(16): 862 ~ 869.

[130] Carlos Vázquez, Michel Rivier, Ignacio J P. 2001. If pay-as-bid

auctions are not a solution for California, then why not a reliability market ? The Electricity Journal, 41 ~ 48.

[131] Hepburn C et al. 2006. Auctioning of EU ETS phase II allowances: how and why. Climate Policy, 6: 137 ~ 160.

[132] Klein C C, Sweeney G H. 1999. Regulator preferences and utility prices: evidence from natural gas distribution utilities. Energy Econ., 21: 1 ~ 15.

[133] Convery F, Ellerman D, Perthuis C. 2008. The European Carbon Market in Action: Lessons from the first trading period. Interim Report.

[134] Council of the European Union. 2007. Presidency Conclusions. Brussels.

[135] Cournot A. 1838. Recherches surles principes Mathematiques de la Theorie des Richesses. Paris.

[136] Wolfram C. 1999. Electricity markets: should the rest of the world adopt the UK reforms? Regulation, 1(22): 48 ~ 83.

[137] Newbery D M. 1998. Competition, contracts, and entry in the electricity spot market. The RAND Journal of Economics, 29(4): 726 ~ 749.

[138] Debasis Mishra, Parke D C. 2007. Ascending price Vickrey auctions for general valuations. Journal of Economic Theory, 1(132): 335 ~ 366.

[139] Delarue E, Lamberts H, D' haeseleer W. 2007. Simulating green house gas allowance cost and GHG emission reduction in western Europe. Energy, 32: 1299 ~ 1309.

[140] Dhar, Divya, Macmillan, Alexandra, Lindsay, Graeme, Woodward, Alistair. 2009. Carbon pricing in New Zealand: implications for public health. N. Z. Med. J. 122(1290): 105 ~ 115.

[141] Anderson D J, Xu H. 2005. Supply function equilibrium in electricity

spot markets with contracts and price caps. Journal of Optimization Theory and Applications, 124: 257 ~ 283.

[142] Chappin E L, Dijkema G J. 2008. On the impact of CO_2 emission-trading on power generation emissions. Technological Forecasting & Social Change, 1(7): 124 ~ 137.

[143] Nasr Azadani, Josseinian S J, Moradzadeh B. 2010. Generation and reserve dispatch in a competitive market using constrained particle swarm optimization. International Journal of Electrical Power & Energy Systems, 1(32): 79 ~ 86.

[144] Ellerman A D, Joskow P L. 2008. The European Union' s emission trading system in perspective. The Pew Center on Global Climate Change.

[145] Emilie Alerola, Julien Chevallier, Benoit Cheze. 2009. Emissions compliances and carbon prices under the EU ETS: a country specific analysis of industrial sectors. Journal of Policy Modeling, 31(3): 446 ~ 462.

[146] Ettore Bompard, Wene Lu, Roberto Napoli, et al. 2010. A supply function model for representing the strategic bidding of the producers in constrained electricity markets. International Journal of Electrical Power and Energy Systems, 6(32): 678 ~ 687.

[147] European Communities. 2008. EU action against climate change. Luxembourg: office for official publications of the European Communities.

[148] Schweppe F C, Caramanis M C, Tabors R D, et al. 1988. Spot pricing of electricity. Boston: MA: Kluwer.

[149] Gao F, Sheble G B. 2010. Electricity market equilibrium model with resource constraint and transmission congestion. Electric Power Systems Research, 1(80): 9 ~ 18.

[150] Fichtner W. 2005. Emissions rechte, energie und produktion. erich schmidt verlag.

[151] Fredrik Pettersson. 2007. Carbon pricing and the diffusion of renewable power generation in Eastern Europe: a linear programming approach. Energy Policy, 35(4): 2412 ~ 2425.

[152] Frideman L. 1956. A competitive bidding strategy. Operation Research, 4: 104 ~ 112.

[153] Wirl F. 2006. Consequences of irreversibilities on optimal intertemporal CO_2 emission policies under uncertainty. Resour. Energy Econ., 28(2): 105 ~ 123.

[154] Sheble G B. 1999. Computational auction mechanisms for restructured power industry operation. Norwell: MA: Kluwer.

[155] Goett A A, Hudson K. 2000. Customers' choice among retail energy suppliers: the willingness-to-pay for service attributes. Energy Journal, 1 ~ 21.

[156] Green R, Newbery D. 1992. Competition in the British electricity spot market. Journal of Political Economics, 100: 929 ~ 953.

[157] Grossman S. 1981. Nash equilibrium and the industrial organization of markets with large fixed costs. Econometrica, 49: 1149 ~ 1172.

[158] Hannes Weigt, Christian Von Hirschhausen. 2008. Price formation and market power in the German wholesale electricity market in 2006. Energy Policy, 11(36): 4227 ~ 4234.

[159] Hart O. 1985. Imperfect competition in general equilibrium: An overview of recent work in frontiers of economics. Oxford: Basil Blackwell.

[160] Chao H, Peck S. 1996. A market mechanism for electric power transmission. Journal of Regulatory Economics, 1(10): 25 ~ 59.

[161] Feng H L, Zhao J. 2006. Alternative intertemporal permit trading

regimes with stochastic abatement costs. Resour. Energy Econ., 28(1): 24 ~ 40.

[162] Honk Atukia, Malkonen V, Perrels A. 2006. Impacts of the European Emission Trade System on Finnish Wholesale Electricity Prices. VATT Discussion Papers: 405 ~ 417.

[163] Hossein Haghighat, Hossein Seifi, Ashkan Rahimi Kian. 2008. The role of market pricing mechanism under imperfect competition. Decision Support Systems, 2(45): 267 ~ 277.

[164] Hunt, Sally. 1996. Competition and choice in electricity. John Wiley and Sons Ltd, England.

[165] Ibrahim Dincer, Rosen M A. 1999. Energy, environment and sustainable development. Applied Energy, 64: 427 ~ 440.

[166] James Nicolaisen, Valentin Petrov, Leigh Tesfatsion. 2001. Market power and efficiency in a computational electricity market with discriminatory double-auction pricing. IEEE Transactions On Evolutionary Computation, 5(5): 504 ~ 523.

[167] McGuigan J R, Moyer R C, Harris F H. 2002. Managerial Economics: Applications, Strategy, and Tactics (9th edition). South-Western College Publishing.

[168] Jane Ellis, Dennis Tirpak. 2006. Linking GHG emission trading systems and markets. OECD, COM/ENV/EPOC/IEA/SLT.

[169] Bialek J W. 2002. Gaming the Uniform-Price Spot Market: Quantitative Analysis. IEEE Transactions on Power Systems, 17(3): 30 ~ 35.

[170] Javier Contreras, Oscar Candiles et al. 2001. Auction design in day-ahead electricity markets. IEEE Transactions on Power Systems, 16(1): 3-11.

[171] Lemming J. 2003. Financial risks for green electricity investors and

producers in a tradable green certificate market. Energy Policy, 31(1): 21 ~ 32.

[172] Johan A, Delphine F, Koen S. 2002. A shapley decomposition of carbon emissions without residuals. Energy Policy, 30: 727 ~ 736.

[173] Nelson J P. 1995. Market structure and incomplete information: Price formation in a real-world repeated English auction. Journal of Economic Behavior and Organization, 3(27): 421 ~ 437.

[174] Catalão J S, Mariano S S, Mendes V F, Ferreira L M. 2010. A practical approach for profit-based unit commitment with emission limitations. International Journal of Electrical Power & Energy Systems, 3(32): 218 ~ 224.

[175] Sijm J, Neuhoff K, Chen Y. 2006. CO_2 cost pass-through and windfall profits in the power. Clim. Policy, 6: 49 ~ 72.

[176] Julie Toth. 2008. ANZ industry update: potential costs of emissions trading. Economics and Markets Research, 6: 1 ~ 11.

[177] Justice Department and Federal Trade Commission. 1997. Horizontal merger guidelines. Tech.Rep.

[178] Karolien Verhaegen, Leonardo Meeus, Ronnie Belmans. 2009. Towards an international tradable green certificate system-The challenging example of Belgium. Renewable & Sustainable Energy Reviews, 13: 208 ~ 215.

[179] Kasper Leufkens, Ronald Peeters. 2007. Synergies are a reason to prefer first price auctions. Economics Letters, 1(97): 64 ~ 69.

[180] Rosendahl K E. 2004. Cost-effective environmental policy: implications of induced technological change. Journal of Environmental Economics and Management, 48: 1099 ~ 1121.

[181] Klepper G, Peterson S. 2006. Emissions trading, CDM, JI, and more: the climate strategy of the EU. Energy Journal, 27(2): 1 ~ 26.

[182] Laffont, Tirole. 1993. A theory of incentive in procurement and regulation. Cambridge Mass: MIT press.

[183] Lene Nielsen, Tim Jeppesen. 2003. Tradable green certificates in selected European countries—overview and assessment. Energy Policy, 31(1): 3 ~ 14.

[184] Leslie Nielson. 2008. The European Emissions Trading System lessons for Australia. Research Paper No.3.ISSN 1834 ~ 9854.

[185] Liad Blumrosen, Noam Nisan. 2010. Informational limitations of ascending combinatorial auctions. Journal of Economic Theory. 3(145): 1203 ~ 1223.

[186] Liliya Chernyavs, Francesco Gulli. 2008. Marginal CO_2 cost pass-through under imperfect competition in power markets. Ecological Economics, 68: 408 ~ 421.

[187] Loreta Stankeviciute, Alban Kitous, Patrick Criqui. 2008. The fundamentals of the future international emissions trading system. Energy Policy, 38: 4272 ~ 4288.

[188] Luis M. Abadie, José M. Chamorro. 2008. European CO_2 prices and carbon capture investments. Energy Economics, 11(30): 2992 ~ 3015.

[189] Menges R. 2003. Supporting renewable energy on liberalized markets: green electricity between additionality and consumer sovereignty. Energy Policy, 31: 583 ~ 596.

[190] Meyer N I. 2003. European schemes for promoting renewables in liberalized markets. Energy Policy, 31: 665 ~ 676.

[191] Michael Gillenwater. 2008. Redefining RECs—Part 1: Untangling attributes and offsets. Energy Policy, 36: 2109 ~ 2119.

[192] Michael Gillenwater, Clare Breidennich. 2009. Internalizing carbon costs in electricity markets: using certificates in a load-based emissions trading scheme. Energy Policy, 37: 290 ~ 299.

[193] MIT. 2009. Retrofitting of coal-fired power plants for CO_2 emissions reductions. Energy Initiative Symposium I.

[194] Mohammad Hossein Asgari, Hassan Monsef. 2010. Market power analysis for the Iranian electricity market. Energy Policy, 10(38): 5582 ~ 5599.

[195] Monica Bonacina, Francesco Gulli. 2007. Electricity pricing under carbon emissions trading: a dominant firm with competitive fringe model. Energy Policy, 35: 4200 ~ 4220.

[196] Mukhtar H, Kamaruddin P M, Radhakishnam V R. 2004. Carbon credit trading for CO_2 reduction: opportunities for Malaysia. Technology Cluster: Oil and Gas, 4(2): 12 ~ 17.

[197] Nelson J P, Roberts M J. 1989. Ramsey numbers and the role of competing interest groups in electric utility regulation. Q. Review. Ec onomics. Business, 29: 21 ~ 42.

[198] Nelson R A. 1982. An empirical test of the Ramsey theory and Stigler-Peltzman theory of public utility regulation. Economics, 20: 277 ~ 290.

[199] Fabra N. 2003. Tacit collusion in repeated auctions: uniform versus discriminatory. Journal of Industrial Economics, 51(3): 271 ~ 293.

[200] Niels Anger. 2008. Emissions trading beyond Europe: linking schemes in a post-Kyoto world. Energy Economics, 30: 2028 ~ 2049.

[201] Pär Holmberg. 2008. Unique supply function equilibrium with capacity constraints. Energy Economics, 1(30): 148 ~ 172.

[202] Patrik Soderholm, Lars Stromberg. 2003. A utility-eye view on the CO_2 compliance-decision process in the European power sector. Applied Energy, 75: 183 ~ 192.

[203] Patric Soderholm, Thomas Sundqvist. 2003. Pricing environmental externalities in the power sector: ethical limits and implications for

social choice. Ecological Economics, 3(46): 333 ~ 350.

[204] Patrizia Beraldi, Domenico Conforti, Chefi Triki, Antonio Violi. 2004. Constrained auction clearing in the Italian electricity market. Quarterly Journal of the Belgian, French and Italian Operations Research Societies, 35 ~ 51.

[205] Klemperer P D, Meyer M A. 1989. Supply function equilibria in oligopoly under uncertainty. Econometrica, 6(57): 1243 ~ 1277.

[206] Cramton P. 2004. Alternative pricing rules. Proceeding of Power System Conference and Exposition. New York.

[207] Peltzman S. 1976. Toward a more general theory of regulation. J. Law Econ., 19: 211 ~ 240.

[208] Morthorst P E. 2001. Interactions of a tradable green certificate market with a tradable permits market. Energy Policy, 29(5): 345 ~ 353.

[209] Haile P A. 2003. Auctions with private uncertainty and resale opportunities. Journal of Economic Theory, 1(108): 72 ~ 110.

[210] Holmberg P. 2005. Asymmetric supply function equilibrium with constant marginal costs. Department of Economics, Uppsala University, Sweden. Working Paper.

[211] Klemperer P. 1999. Auction theory: a guide to the literature. Journal of Economic Surveys, 13(3): 227 ~ 286.

[212] Klemperer P. 2001. What really matters in auction design. Tech. Rep. Oxford Univ. Oxford, U.K.

[213] Joskow P L, Schmalensee R B, Bailey E. 1998. The market for sulfur dioxide emissions. Am. Econ. Rev, 88(4): 669 ~ 685.

[214] PointCarbon. 2004. Special issues—what determines the price of carbon. Carbon Market Analyst, 13 ~ 24.

[215] Lin Q G, Huang G H. 2010. An inexact two-stage stochastic energy

systems planning model for managing greenhouse gas emission at a municipal level. Energy, 5(35): 2270 ~ 2280.

[216] Rahimi A F, Sheffrin A Y. 2003. Effective market monitoring in deregulated electricity markets. IEEE Trans. Power Syst, 18: 486 ~ 493.

[217] Baldick R, Grant R, Kahn E. 2004. Linear supply function equilibrium, generalizations, applications and limitations. Journal of Regulatory Economics, 25: 143 ~ 167.

[218] Posner R A. 1974. Theories of economic regulation. The Bell Journal of Economics and Management Science, 2(5): 335 ~ 358.

[219] Richard Perkins. 2005. Electricity sector restructuring in India: an environmentally beneficial policy. Energy Policy, 33: 439 ~ 440.

[220] Isaac R M, Salmon T C, Arthur Zillante. 2007. A theory of jump bidding in ascending auctions. Journal of Economic Behavior and Organization, 1(62): 144 ~ 164.

[221] Tamaschke R, Docwra G, Stillman R. 2005. Measuring market power in electricity generation: A long-term perspective using a programming model. Energy Economics, 2(27): 317 ~ 335.

[222] Borenstein S, Bushnell J. 1999. An empirical analysis of the potential for market power in California' s electricity industry. Journal of Industrial Economics, 47: 285 ~ 323.

[223] Shahidehpour M, Alomoush M. 2001. Restructured electrical power systems, operation trading and volatility. New York: Dekker.

[224] Shahidehpour M, Yamin H, Li Z. 2002. Market operations in electric power systems. New York: Wiley.

[225] Shiv Pratap Raghuvanshi, Avinash Chandra, Ashok Kumar Raghav.2006. Carbon dioxide emissions from coal based power generation in India. Energy Conversion and Management, 47(4):

427 ~ 441.

[226] Sijm J, Neuhoff K, Chen Y. 2006. CO_2 cost pass-through and windfall profits in the power sector. Climate Policy, 6: 49 ~ 72.

[227] Sijm J M, Bakker S A, Chen Y, etal. 2005. CO_2 price dynamics: the implications of EU emissions trading for the price of electricity. ECN Report. September. ECN-C-05-081.

[228] Mandell S. 2008. Optimal mix of emissions taxes and cap-and-trade. Journal of Environmental Economics and Management, 56: 131 ~ 140.

[229] Snowberger V. 1992. Regulators implicit welfare weights under rate of return regulation. Q. Review Economics Business, 32: 132 ~ 137.

[230] Oren S. 2004. When is a pay-as-bid preferable to uniform price in electricity markets. Proceeding of Power System Conference and Exposition. New York.

[231] Soleymani S, Ranjbar A M, Shirani A R. 2008. Strategic bidding of generating units in competitive electricity market with considering their reliability. International Journal of Electrical Power & Energy Systems, 3(30): 193 ~ 201.

[232] Sterk. 2005. Ready to link up? The EU and the international carbon market. Carbon Market Europe, 28: 19 ~ 32.

[233] Stern N. 2007. The economics of climate change: the Stern Review. Cambridge: Cambridge University Press.

[234] Tao Li, Mohammad Shahidehpour, Ali Keyhani. 2004. Market power analysis in electricity markets using supply function equilibrium model. IMA Journal of Management Mathematics, 15: 339 ~ 354.

[235] Genc T, Reynolds S. 2004. Supply function equilibria with pivotal electricity firms. Eller College Working Paper. No. 1001 ~ 1004.

[236] Westhy T S, Dangtran K, Edgar T F.1990. Fluidized-bed

combustion of Texas lignite：An experimental investigation of carbon conversion and sulphur dioxide emission. Fuel, 69(5)：590 ~ 599.

[237] Mount T. 2001. Market power and price volatility in restructured markets for electricity. Decision Support Systems, 2(30)：311 ~ 325.

[238] Nicolaus Tideman, Florenz Plassmann. 2007. A pricing mechanism for CO_2 emissions that incorporates future revisions of estimates of the cost of today' s emissions. Journal of Economic Literature, 1 ~ 12.

[239] Crawford V P, Kuo P S. 2003. A dual Dutch auction in Taipei；the choice of numeraire and auction form in multi–object auctions with bundling. Journal of Economic Behavior and Organization, 4(51)：427 ~ 442.

[240] Vlasis Oikonomou, Catrinus Jepma, Franco Becchis, Daniele Russolillo. 2008. White certificates for energy efficiency improvement with energy taxes：a theoretical economic model. Energy Economics, 30：3044 ~ 3062.

[241] Voorspools K, D' haeseleer W. 2006. Modelling of electricity generation of large interconnected power systems：how can a CO_2 tax influence the European generation mix. Energy Conversion and Management, 47：1338 ~ 1358.

[242] Montgomery W D. 1972. Markets in licenses and efficient pollution control programs. J. Econ. Theory, 5(3)：395 ~ 418.

[243] William Vickrey. 1961. Counter speculation, auctions, and competitive sealed tenders. The Journal of Finance, 16(1)：8 ~ 37.

[244] Wilson R. 1979. Auctions of shares. Quarterly Journal of Economics, 2(93)：675 ~ 689.

[245] Wolfram Krewitt. 2002. External costs of energy–do the answers match the questions? Looking back at 10 years of externality. Energy Policy, 4(30)：839 ~ 848.

[246] Hogan W W. 1992. Contract networks for electric power transmission. Journal of Regulatory Economics, 2(4): 211 ~ 242.

[247] Yiping Fang, Yong Zeng. 2007. Balancing energy and environment: The effect and perspective of management instruments in China. Energy, 12(32): 2247 ~ 2261.

[248] Ren Y, Galiana F. 2004. Pay-as-bid versus marginal pricing-part I: strategic generator offers. IEEE Transactions On Power Systems, 19(4): 1771 ~ 1776.